中国园林鉴赏

孟兆祯 著

北京出版集团
北京出版社

本书得到

北京林业大学建设风景园林学世界一流学科和特色发展引导专项（2022XKJS0202）资助

孟兆祯，中国工程院院士，北京林业大学教授、博士生导师，中国风景园林学界一代宗师。无论是在教书育人、学术研究，还是规划设计领域均取得重要成就。全面精辟地对明代名著《园冶》进行了系统的整理和剖析，在继承中国传统园林理论方面有独到的见解与发展。代表性专著：《园衍》；代表性风景园林设计作品：深圳市仙湖风景植物园总体规划与设计。

目录

我在《中国园林理法》一书中讲的是中国古典园林的理法，谈不上“读万卷书，神会古人”，却是个人学习中国风景园林传统设计基本理论和手法的抒发。在前辈基本理论的基础上，要下“行万里路”的实地考察的功夫；并且还要从前人的实际作品中汲取营养，在设计数据方面有所积累。两相结合，受益匪浅。于是我在教学中为研究生开了一门“名景析要”课程,学生普遍反映很好。名景都在“人的自然化和自然的人化”方面下了“巧于因借，精在体宜”的功夫，创造了令人难忘的园林空间形象和文化内涵。选择名副其实的作品做设计理法的要理分析，初衷是言人所未言或人所少言，因此就不顾及其他方面的分析。所以这本《中国园林鉴赏》并不求全，但求分析特色。希望能够给后人一些启示。

私家园林

上卷

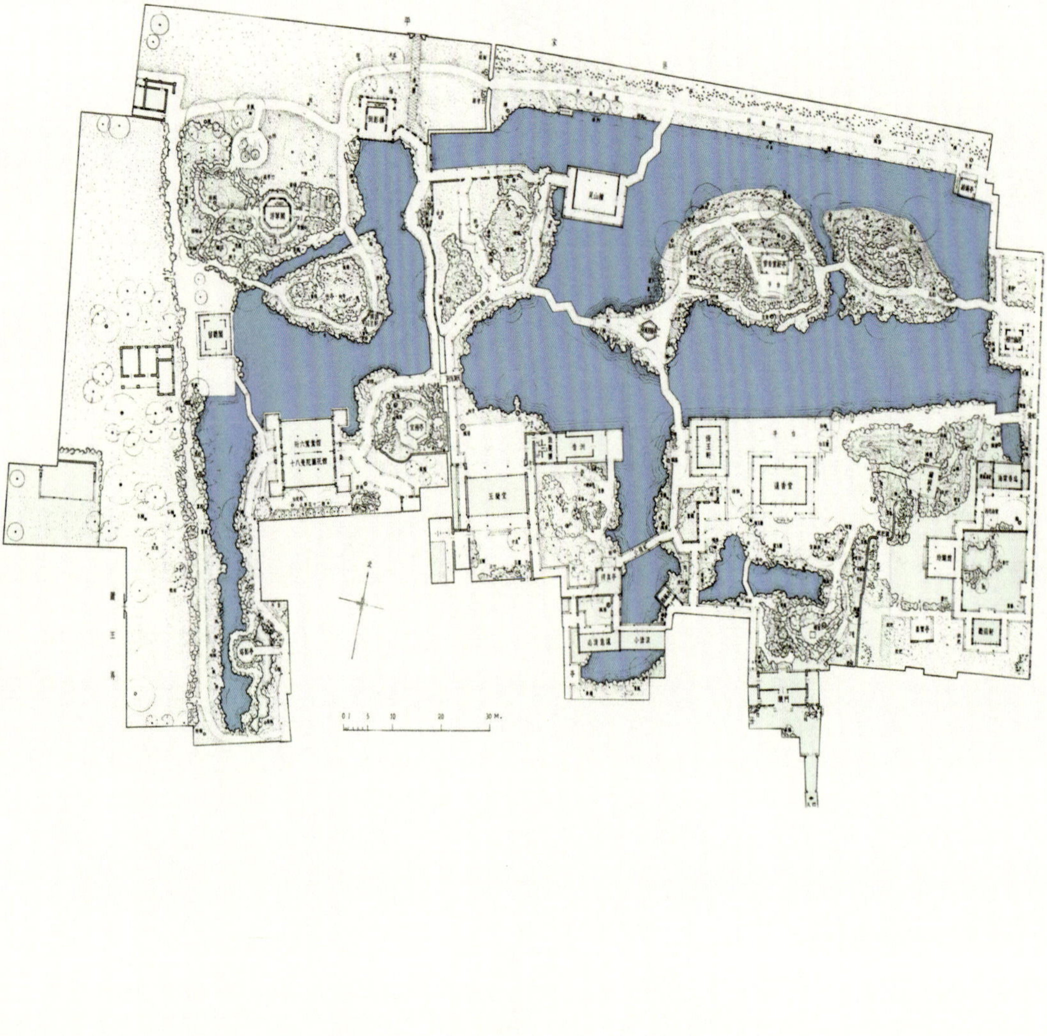

拙政园平面图（无东部园区）

1. 拙政园

我们今天所说的拙政园，是以中部的拙政园为主体，东部原“归园田居”（现拙政园大门引入的部分）和西部原“补园”的总称。自明至清屡有修建和更改，甚至风格迥异，今所见是新中国成立后修复和兴建的。问名“拙政园”应“问名心晓”，明代园主王献臣由于仕途未遂志，便借西晋潘岳《闲居赋》：“庶浮云之志，筑室种树，逍遥自得。池沼足以渔钓，舂税足以代耕。灌园鬻蔬，以供朝夕之膳；牧羊酤酪，以俟伏腊之费。孝乎惟孝，友于兄弟，此亦拙者之为政也。”（明·文徵明《王氏拙政园记》、王献臣《拙政园图咏跋》）说白了，惹不起，还躲不起？循中国文学“物我交融”之理，以莲自诩，取“出淤泥而不染”为主题是为指导设计的意境创造，并体现于

园景中。现在园中景物是清代留下来的面貌，与明中叶相比在山水方面增加了土山的分隔，建筑方面则在主要建筑方面加了见山楼（图1），并且添了些小建筑，如荷风四面亭（图2）。

在园林总体布局中，先定“远香堂”的位置（图3），远香堂西有“倚玉轩”为傍，北望“雪香云蔚亭”（图4）。有称“倚玉轩”寓竹，“雪香云蔚亭”寓梅，并在土山上种植梅花以体现意境。依我看则不然，创意的内涵意境就是荷花。君不见《园冶·借景》在谈夏季借景时有“红衣新浴，碧玉轻敲”之

1
拙政园前堂后楼，楼在碧泓西北隅，东桥西廊各得其宜

2

3

4

2

拙政园荷风四面亭，借三岔堤而安正六方亭

3

拙政园，堂在林翳远香中

4

拙政园自山下仰望雪香云蔚亭

5

6

说。“红衣新浴”寓荷花，“碧玉轻敲”寓雨点轻敲荷叶。因此“倚玉轩”傍远香堂有如“红花虽好，还须绿叶扶持”。当然应以园主寓意为实，我只是“倚玉”别想而已。我认为“雪香”在此并非寓梅。就四时而言，唯夏时“云蔚”，春雨绵绵、秋高气爽之时都没有云蔚的天空，只有夏时蔚蓝天空白云飘。亭中用文徵明书联“蝉噪林愈静，鸟鸣山更幽”，也是夏景声像的写照。再从北京圆明园中寻找线索，按宋代周敦颐《爱莲说》造的莲花专类园“濂溪乐处”中，有个从岛岸引廊出水观荷的景点，就名叫“香雪廊”。白色荷花亦可称香雪，何况池中“荷风四面亭”“香洲”都是寓莲的意思（图 **5**、图 **6**）。多一种观点研究是有好处的，但也不强求统一。

山水空间的塑造为建筑和植物造就了山水环境。苏州地下水位高，拙政园原是低地，因而掘池得水，而且可外连城市水系。本园西南端的小筑间名“志清意远”，就表达了这个寓意。因此拙政园的总体布局结体是以水景为主，聚中有散，筑山辅水，以水为心，构室向水。本园土山是明末才形成的，对划分

5
香洲
6
拙政园香洲舫楼层内观

水面，增加水空间的层次感和深远感起到骨架的作用。土山又以涧虚腹，形成两山夹水的变化。西端化麓为岛，岛从三个方向伸出堤，桥并堤拱六角亭“荷风四面亭”的三角形基址，使水景富于变化。

开辟纵深的水空间对于拓展视线是极为重要的。东面向水景线有两条，以前山为主。东自“倚虹”至西面的“别有洞天”是主要的水景纵深线。直线距离约120米，西与南北向水景纵深线正交形成水口变化，为布置不同的水院建筑创造了优越的水势条件（图7）。无论自东端的“梧竹幽居”西望“别有洞天”，或自“别有洞天”回望，两岸山林夹水，间有建筑对岸相呼

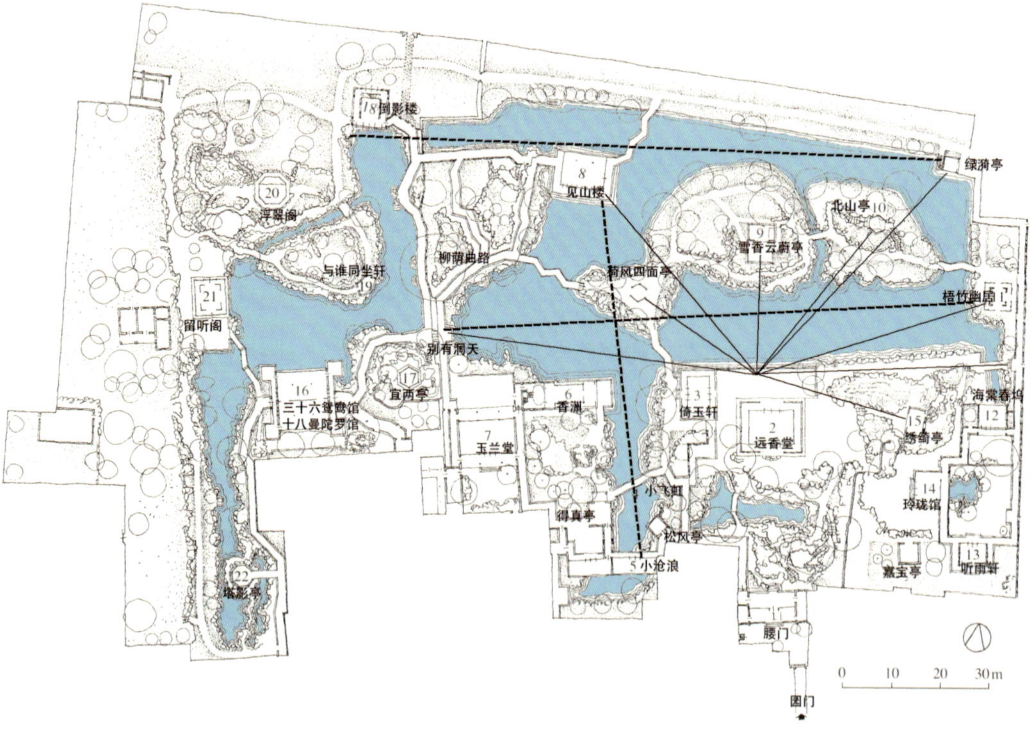

7
拙政园透景视线分析

8

9

8
拙政园东西透景线之一

9
拙政园湖中山岛，有溪涧穿流而长岛一分为二，后湖涧口寂静优雅，与前湖喧哗之景恰成空间性格对比，后湖乃此园另一水景纵深线

应，水景至深而目尚可及。如果说前山水景纵深线建筑有所喧，那后山水景纵深线则因山静林幽而寂，两水空间性格因差异而互为变化。南北向水景纵深线自“小沧浪”至西北的“见山楼”纵贯南北，而被“小飞虹”“香洲石舫”“石折桥”横隔为层次多变的水景。东端南北向水景纵深线自“海棠春坞”至“绿漪亭”，虽不太长而景犹深远。水空间以土山、桥、廊、舫为划分手段，划分出大小不同、形态各异和具有不同类型建筑合围的八个水空间，它们相互串联、渗透而构成水景园林的整体。化整为零，再集零为整。（图 8 - 图 12）

在陆地山则以廊、墙、土山、石山的不同组合来划分景区和空间。计有腰门内黄石假山、远香堂南山池、远香堂与雪香

10
拙政园东西透景线之二

11

12

11
拙政园小飞虹斜跨水景纵深线

12
拙政园梧竹幽居亭南地穴得水港跨明石桥景

13
枇杷园地穴回望雪香云蔚亭
（黄晓 / 摄）

云蔚亭之间的水景、枇杷园内的玲珑馆（图 13）、海棠春坞（图 14）和听雨轩北院、绣绮亭（图 15）所在土山、小沧浪和小飞虹围合的空间（图 16、图 17）、香洲石舫、玉兰堂院和见山楼等景区和空间。南岸组织为三大院落、三小院落，以春、夏两时的景色为主。大小院落均有主体建筑带领组成建筑组群，点缀以各式单体的景亭。亭的布局以堂为主视点，呈环形错落布置，因山就水，随遇而安。雪香云蔚亭并不正对远香堂而居山之巅，借土山长于东西、短于南北的特点而选矩形出平台的亭。绣绮亭外形与雪香云蔚亭近似而可贯通，但朝向彼此成子午向

14

15

16

14

“海棠春坞”

15

拙政园绣绮亭东观，“旭光绣绮”

16

拙政园“香洲野航”至“荷香清境”

17
拙政园松风水阁精小别致，于水中斜向挑出池面，若点睛之作

变化而又各具形胜。远香堂的对景是雪香云蔚亭，又可东望北山亭。在远香堂的北面平台上，则自东而西可见绣绮亭、倚虹亭、梧竹幽居亭、待霜亭、雪香云蔚亭、荷风四面亭、绿漪亭。亭皆各自因境成景，在得景和成景方面各具特色。雪香云蔚亭

18

居中，坐北向南，位置显赫。仰上俯下，移步换形。倚虹亭与别有洞天半亭各从东、西边廊顶出半亭以为联系东、西园的出入，并互为对景。梧竹幽居亭在东面正位，造型丰富，外廊内加以内墙，四面有圆形地穴，自亭内外望，圆框景若镜中游。亭西水际岸上植枫杨一株，与圆形地穴、方亭攒尖黛瓦屋盖和粉墙栗柱组成尤特致意的风景画面，倒映入水，或静或动，或容倒天，或闪出曲折多变的水影，佳趣随生（图18）。绿漪亭坐落在东北角的水岸上，成为后山水景纵深线和自海棠春坞北明代石桥北望的终端景点。亭西紧接入水浣阶，过渡到北面的岸

18
梧竹幽居亭
19
拙政园腰门
（孟凡玉／摄）
20
拙政园腰门正对的置石
（孟凡玉／摄）

壁直墙。待霜亭居客山之巅，左池右涧，明中有晦。

宅园有个基本要求即“日涉成趣”（图19、图20），故讲究“涉门成趣”。自腰门入园，由黄石假山、廊、墙结合地形和树木花草形成了六条空间性格不同的出入路线，耐人寻味（图21）。一自额题“左通”处廊道引入（由于园有变迁，此道已封闭，未知何通）。二是额题“右达”的廊道进入左壁右空。三是从东边枇杷园西面之云墙与黄石假山东面

19

20

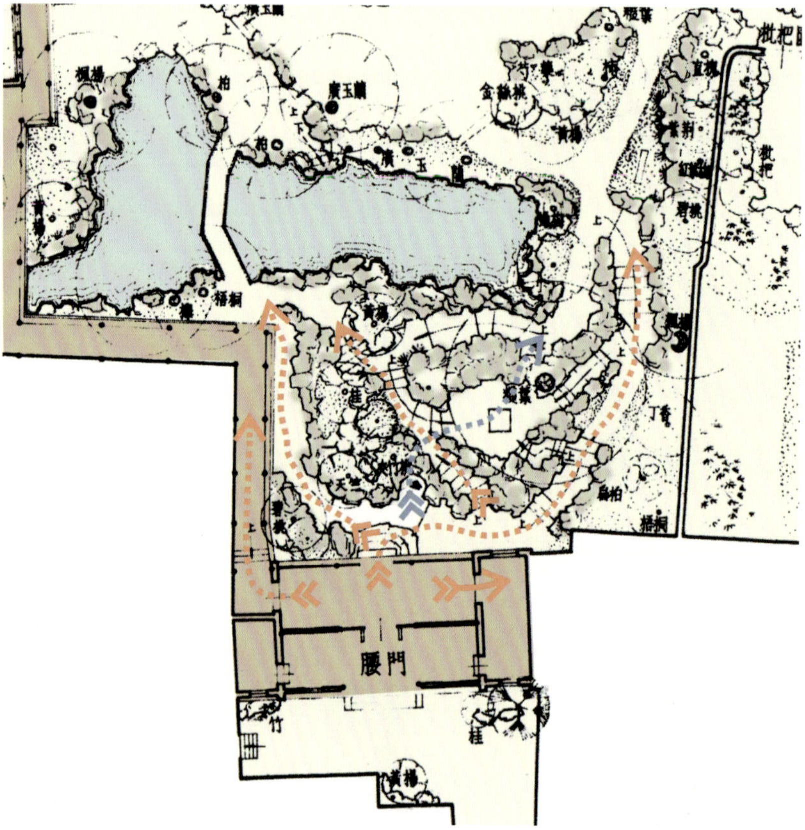

21

拙政园腰门入口道
路示意图

22

23

24

形成的磴道款款而下（图22）。四为由黄石假山西面与廊子组成的缓坡道引到石山北水池斜架的石桥上（图23、图24）。五是穿黄石假山的山洞，从水池南岸入园，是为石栈道的做法（图25、图26），山洞路线带来了由明入暗和从暗窥明的光线变化。第六条则可攀山道上山顶，再从山顶下来入园（图27）。六条出入花园的路线为“日涉成趣”创造了基本条件。

22
拙政园腰门东麓假山与爬山墙间山路
23
拙政园假山西面与廊子组成的坡道
（孟凡玉／摄）
24
拙政园腰门西路山道及廊道，远香堂因此水池而得坐北朝南、负阴抱阳之形胜

见山楼登楼处则采用了黄石与楼梯相结合的方式，平添了自然的情趣。

西部原补园东南角与中部相邻处起假山以抬高地势，山上筑亭可俯两边景物（图28），故名“宜两亭”。玉兰堂为西端别院，原从西南角由西东入，堂南对植玉兰，南墙为山石花台，花台东端有踏跺可拾级而上，

25

26

墙上有门若通第宅，其实并不相通，墙上假门为延伸空间的手段。此为罕见孤例，有扩大空间的意义。

27

25
拙政园入腰门北，一径三通，右为东道，中入山洞，洞口右崖下盘道跨山

26
拙政园
腰门入口山洞

27
拙政园腰门上山路

28
宜两亭远眺

冠云楼
冠云沼
伫云庵
林泉耆硕之馆
还我读书
五峰仙馆
揖峰轩
平台
涵碧山房
明瑟楼
绿荫
古木交柯
大厅
门厅
大门
北
0 1 5 10 20 30m

留园平面图

2. 留园

明时徐泰有东、西两园。清时东园改称“寒碧山庄”，因收集十二石峰于园中而名噪一时。后又改称“留园”，园址华步里。园以中部为主，东部虽小尤精，西、北部无甚特色。

留园中部以山水空间为主。由南面以涵碧山房为主的建筑群与以曲谿楼为主的东面建筑（图 29），加以西廊、北廊围合而成的山水空间。近正方形的中心地，西南角起涵碧山房的堂和北出石平台，东连明瑟楼，其形若舫（图 30）。所掘水池便呈曲尺形，再于东岸出半岛、北岸出半岛并间以全岛“小蓬莱”，石平桥贯连全岛从而构成水景间架（图 31）。地形西北高、东南低，自西北引石涧连水池西北角，水口点以珠玑小岛形成具有曲折变化的水面。东出半岛北置“濠濮亭”，加以池东之南北

29

30

31

32

29

留园自明瑟楼下东望，中部建筑群西立面具有高低多致的天际线变化和倒影

30

留园明瑟楼形若舫，在此毕现

31

小蓬莱

32

濠濮亭

33
门厅轿厅光线变化

34
入口壁山

设置石作水石幢，形成中、近距离观赏的画面且随步移而换景。(图 32)

留园的特色在于建筑庭院和建筑小品的处理，其在置石和建筑结合山石方面创造了独一无二的特色。

同样要求“日涉成趣”和“涉门成趣”，在留园中，由大门入园只有一条路线，却也能奏效。门厅、轿厅之间开天井而光暗变化自生（图 33）。往北进的夹巷极尽长短、宽狭、折转之变化，兼以花台镶墙隅，渐入佳境地进入欲扬先抑的前厅。(图 34）以形成山石花台的壁山的南墙作为进出的对景。穿厅之西边廊进入园中，廊口额题“揖峰指柏”。

入园即处于三岔路口，设计者导游性特强。直北虽可通曲谿楼，但前面光线晦暗。西面却一片大明，小天井层层相连而

35
留园古木交柯

莫知所穷，游人很自然地向左转面对“古木交柯”（图35）。《园冶·相地》说：“多年树木，碍筑檐垣，让一步可以立根，斫数丫不妨封顶。斯谓雕栋飞楹构易，荫槐挺玉成难。”在此更借树成景，巧于因借。如今老树已死，补植了一株，其实难副。

再西行进入“绿荫”前廊，廊南小天井紧缩逾倍，山石花台上石笋挺立，南天竹扶疏，藤蔓植物倚壁而起，以绿色枝叶衬托出“华步小筑”的注目额题。小天井与东邻天井间有粉墙隔断，却又开瘦长形地穴沟通。小巧精致，激活了两个天井空间。

绿荫之西为明瑟楼。楼东有台临水，南通绿荫西邻的小轩，轩西曲尺形高粉墙，是为明瑟楼山石楼梯凭借的载体。明瑟楼尺寸小，室内梯无处安置，室外山石楼梯就解决了这问题，同时还可以造景（图36）。山石梯以花台和特置山石强调梯口，花台中植树增添自然气氛。特置山石高不过两米余，由于视距迫促，因近求高而耸入云天。山石上镶“一梯云”三字。“梯”做名词则词义同山石云梯，做动词则一梯入云。据实夸张，既在情理中，又出意料外。登梯两三级即入镶在墙内角的休息板。然后以石为栏，在石栏遮挡下，贴墙陡上。古时讲究“笑不露齿”，若梯之不露阶。有正对视线作山石楼梯者，全阶毕露，何美之有？梯西尽北转，近楼处设小天桥步入。梯之底部做成山岫，阴虚而暗。自明瑟楼楼下南望，由柱和木挂落组成画框，云梯俨然横幅山水，可谓达到了凝诗入画之境（图 **37**）。

涵碧山房前院是牡丹花坛，用自然湖石掇成。院子乃近方形之梯形，边廊圈出东北隅作“一梯云”，形成曲尺形廊为东界。山石花台让出涵碧山房阶前和东边廊前集散的场地，因而花台仅占对角线西南之地，将近三角之地划为中心、西墙根和南墙根三部分。但西墙和北墙的花台在西南墙隅并不相连，有意放空以形成交覆相夹之势，游人自北而南或自东而西游览时，墙角被花台掩映不穷，这是很奥妙的处理（图 **38**、图 **39**）。中心花台因让出东和北面的空间而不“堵心”。山石花台在纵断面方面极尽变化之能事，或上伸下缩，或直或坡，或若有山石崩落而深埋浅露于花台下的地面（图 **40**），或峰石突兀引人注目，以墙为纸，以石为绘。苏州地下水位高而牡丹喜排水良好，山石花坛为牡丹创造了这种生态条件，而花坛布置的结体和自身变化

36

37

36
留园“一梯云”特置石峰，强调云梯入口

37
留园“一梯云”之画意

38

39

40

41

则增添了自然美的气氛（图41）。

西廊高处的“闻木樨香轩”居高临下东俯全园（图42）。沿廊北进折东至“远翠阁”，北廊为“之”字形变化，廊墙之间自然形成各异的小空间，点缀竹石小品，无不翩翩楚楚。阁西南特置山石形成东西视线的焦点，临水南望，水景层次深厚，深远而富于人工美和自然美不同组合形式下的变化。

远翠阁东的一卷山石花坛也富于曲折明晦变化，

38
留园涵碧山房南院牡丹花坛一瞥

39
留园居花坛群西南隅北望，山石层次亦深远

40
留园单体花台之高低层次变化

41
留园花坛细部处理

42

43

尤以北端花坛变化细微、耐人捕捉（图43）。南通“汲古得绠处”与“五峰仙馆”西墙组成的半开敞小空间。石屏西障并与南墙花坛组成入口，五峰仙馆西墙花坛则成为入口对景。

42
闻木樨香轩
43
留园五峰仙馆西窗石屏，亦间作“汲古得绠处”入口
44
五峰仙馆壁山与南墙之间的小路

44

五峰仙馆居所在院落中部，自成前庭后院的格局。前庭可以说是四合院的变体，为南墙、北馆、西楼、东所（鹤所）的格局。前庭借南高墙做大型壁山处理，可循花台上小径东西上下（图44）。花台上松柏虬枝、桂花飘香、花木应时开放，峰石兀立其间。墙脚都以花坛镶边，台阶以山石做成“涩浪”，贵在中置分道石，人流分道上下（图45）。最

吸引人的是东面的景物。“鹤所”额题横陈矩形地穴之上，两旁漏窗墙虚分隔，逗人游兴（图46）。

入鹤所循廊直北可到“还我读书处”僻静的小天地，仅此一径可通，一般很难找到，书斋求静避干扰之谓也。其南“揖峰轩”不与共墙，有意于两墙间留狭长隙地布置竹石的“无心画”供室内“尺幅窗”入画（图47、图48）。揖峰轩小院尺度合宜，分隔精巧，曲折回环，情态多致。曲廊和墙分割出大小性格各异的天井，点以山石，植以紫藤、绿竹、芭蕉。竹枝出窗、蕉影玲珑，藤蔓穿石，充分发挥了“步移景异”的近距离、小

45
留园五峰仙馆“涩浪”做法

46

47

48

49

46

鹤所

47

留园揖峰轩北保留隙地，以布置尺幅窗的对景

48

留园揖峰轩石林小院尺幅窗与无心画

49

揖峰轩、石林小院尺度合宜，分隔精巧，充分利用粉墙、漏窗、曲廊组成不同空间，植以竹、藤，步移景异，达 20 余幅画

50

51

52

53

空间的观赏效果（图 49 ～图 53）。

再东，即以冠云峰为中心的一组园林庭院。冠云、瑞云、岫云三峰以冠云峰最奇美，占尽风流，充分表达了湖石单体的透、漏、皱、丑、瘦之美，形体硕大、姿色婀娜而孤峙不群（图 54 ～图 56）。留园主人为了得到这卷奇石，先购其地、石在地内而得石。从建设的顺序而言是先置石，以石为中心来布置建筑和庭园。格局是南馆、北楼、东庵、西台。林泉耆硕之馆是诠释、欣赏和座谈、探讨冠云峰之所。馆中以木刻满壁的

50
揖峰轩庭中心花台石峰特立
51
石林小屋尺幅窗无心画
52
石林小屋对景
53
石林小屋背面观

54

55

《冠云峰歌》为主要展示，屏后即可从室内最佳视点品赏名石奇峰了。此处与冠云峰视距约为 20 米，石峰高约为 6 米，视距比约在 1 ： 3。冠云峰前的浣云沼为水石相映成趣之作，与拙政园的小沧浪有异曲同工之妙。石本灵洁，倒映入水，水容倒天，清风徐来，石云折影宛若天浣。石乎，云乎，皆浣于沼。

冠云楼据峰而建，正对冠云峰。林泉耆硕之馆稍有偏移亦感相对。馆东、西边廊北展，东尽伫云庵，西出冠云台与佳晴喜云快雪之亭，整个庭园有轴线而又是不对称的均衡处理。浣云沼之岸，北曲南直，印证了“随曲合方”之妙。

54
瑞云峰
55
冠云峰
56
岫云峰

网师园后门
北
黄杨
腊梅
梯云室
住宅
青枫
白皮松
看松读画轩
集虚斋
殿春簃
楼上读画楼
楼下五峰书屋
紫竹
紫薇
竹外一枝轩
黑松
白皮松
柏
亭
天竺
垂丝海棠
腊梅
青枫
紫薇
青枫
冷泉亭
平石桥
石矶
月到风来亭
黑松
男厕
女厕
撷秀楼
(花厅)
涵碧泉
花房
青枫
桃
濯缨水阁
大厅
小山丛桂轩
槐
苗圃
蹈和馆
轿厅
琴室
大门
女厕
男厕
阔家头巷
0 1 5 10m

网师园平面图

3. 网师园

南宋万卷堂故址，时称“渔隐”，清乾隆年间修建，光绪年间有所修整，迄后又扩建至现在的规模。乾隆中叶园主宋宗元借“潭西渔隐”改称网师。与前述两座大型园林相比，网师园乃属中型园林，约八亩。取东宅西园的结构，因此园与宅间东西有五处可通，主入口设在轿厅西北隅，大厅亦可廊通。

立意以“渔隐”为师，意境皆琴、棋、书、画、渔、樵、耕、读，园内因而有诸如看松读画轩、射鸭廊、樵风径、五峰书屋、琴室等处。水的平面呈方形，若落水张网之形，东南角引小溪若网之纲，所谓纲举目张。《苏州古典园林艺术》说：“园中水池，是仿虎丘山白莲池整体。”东岸亭下引水涵入，南阁亦有所挑伸，虚涵池水，西南隅做黄石水岫，月到风来亭以

57

58

57

网师园

石矶折桥组合

58

月到风来亭自西廊伸出，正六方屋盖独立完整，不与廊墙相连而纳廊入亭下，亭下山石台穿洞通水，月可到而风自来石抱角，石岫涵通，加以西北角做水湾跨贴水折桥和斜伸石矶（图57），水池岸在方的基形中力求自然变化而显得丰富多彩（图58）。和留园近似之处是，亮出东面建筑西立面在大小、高低、起伏和错落的变化的作用。由射鸭廊和竹外一枝轩组成的建筑组，其屋盖单双坡顺接和开漏窗呈现虚实变化。水庭东北隅自成视线焦点，经得起看，其要在简洁美（图59）。

渔隐之园不求张扬，“清能早达”廊壁嵌《网师园记》，东南角有小洞门引进主体建筑“小山丛桂轩”，意自《楚辞·招

59
网师园射鸭廊与竹外一枝轩

60
小山丛桂轩北侧

隐士》(淮南小山作)“桂树丛生兮山之幽”句，庾信《枯树赋》“小山则丛桂留人”句(《苏州古典园林艺术》)。轩东、西、南三面有边廊，北面以黄石假山为屏障(图 60)，北假山上和南壁山花坛植桂花。山不高而水甚敞，轩四面景色各异。东面最狭，墙间引窄长溪湾，跨以体量精小、造型玲珑之石拱桥，桥面拱处有如同苏州水城门——盘门桥面拱处的镇水石刻图案，六瓣旋花。是否寓意“六合太平”尚不能定，曾请教多位老前辈而未解，后从梁友松先生处得知是寓意海中一种大的贝壳类动物，亦是辟邪趋安的吉祥含义(图 61)。

小山丛桂轩西引，有蹈和馆，南入琴室，似有歌舞升平之意。琴室南墙壁山有起有伏，早时西部有卧石布置精美，经改建后尚存不多。

由小山丛桂轩、濯缨水阁、蹈和馆组织的小空间，由小山丛桂轩西出廊呈“随形而弯，随时而曲”“之字曲”横贯。由于廊间山石花台上一株引人注目的青枫点缀，空间十分灵活。透过廊间，经水阁南漏窗透渗水阁北面景色，显得风景层次丰厚。

濯缨水阁取自《楚辞·渔父》“沧浪之水清兮，可以濯吾缨”之意，居控制水景的要位。小山丛桂轩北向是以黄石假山为隐蔽处理的，假山为水景接口，同时作为陪衬将水阁托了出来。水阁虽倒座却因居要位而控水，尺度不大却相当精致。临

61
园近方形若张渔网，“磐涧”若网之纲，有不足一米长精小石拱桥跨涧，桥中心有同苏州城盘门上大石桥图案镇水

水面有栗色雕花木栏供扶栏凭眺。木栏下石柱入水并引水内涵，外观虚空，形成五间水洞而颇有深意（图 62）。阁内木槅扇开启格外空透。明间南墙上的漏窗自室内较阴暗的空间透出南边光亮的背景。联曰：“曾三颜四；禹寸陶分。”曾子曰：吾日三省吾身；颜子则以“非礼勿视，非礼勿听，非礼勿言，非礼勿动”自省；大禹、陶侃珍惜时间，一寸光阴一寸金。以古人为训，言简意赅。水阁之西还有两处微观处理。西南隅水角退缩为水岫，颇有不尽之意。不足一平方米的廊墙小空间石笋峭立、竹影玲珑，成为东、南、北三条游览路线的视线焦点。不仅变死角为活角，而且以一应三，甚

62

63

是巧妙（图 63）。

顺西墙架廊池上，由廊衍生出正六边形月到风来亭独当了池西的景色。东墙展示了住宅层层庭院深入的西立面。东北隅水亭向北引出射鸭廊，射鸭廊又与竹外一枝轩前后相连，外栏杆，内门洞、漏窗，明暗虚实，相映成趣。尤以射鸭廊西端向北转折的接合处为妙，屋盖组合简洁中出奇巧，虚廊接以有漏窗的白粉墙实体，变化中有统一，统一中又有变化。

“月到风来亭”顺势引入园中园“殿春簃”，隔墙东西二廊交覆一段后西廊与山石廊相衔，是一座独立的书房庭院。建筑以居东之大屋连接居西之耳房，楼阁边的小屋称簃。《尔雅·释宫》云“连谓之簃”，郭璞注“堂楼阁边小屋”。又按莳花而言，这里以芍药为主。花开春末，将春季分为三段的话，殿便是春末，故问名“殿春簃”。

庭是长方形，北端向西少有扩展。殿春簃坐北而北面留出了布置“无心画”的狭长后院。山石梅竹自成画意。南出平台，石栏低伏。主要的景物是花坛、壁山和半壁亭，都借墙而安。冷泉亭成为构景中心，亭居高而旁引山石踏跺而上。亭中置湖石于粉墙前，几卷竖峰与亭内外融为一体。亭名冷泉亭，借泉成亭（图 64）。传此处旧有“树根井”，1958 年整修时把埋没了的泉水开发出来，清冷明净，山石上有“涵碧泉”石刻

62
濯缨水阁
63
网师园
廊间竹石小品

（图 **65**、图 **66**）。这本是庭院的西南角隅，如二墙垂直相连，仅为一线的交线，难免呆滞、平板。而借隅成泉后，有山石磴道引下，一泓清泉，潭里镜天，加以石影玲珑剔透，树弄花影，浓荫覆泉，顿起清凉世界之想，以山石嵌隅把文章做活了。这说明置石和假山是中国园林运用最广泛、最具体和最生动灵活的手法。

殿春簃东从室内可通看松读画轩，轩前黑松张盖，虬枝框景呼唤了水景，如画卷展开。

64
冷泉亭借壁生辉，山石涩浪引上，亭壁幽石冷立

65
冷泉一瞥

66
网师园冷泉

67
山石花台

五峰书屋南院有完整的壁山，《园冶》所谓"峰虚五老，池凿四方"似与此境同。北院有小巧精致的山石花台。北院东西狭长，西端一卷竖峰特置应对了三个方向的视线。倚北墙向东延展的花台，或曲折入奥，或上伸下缩，或对峙如溪沟，步移景异，变幻莫测，堪称花台极品（图67）。

五峰书屋楼上为读画楼，借东墙而起云梯，下洞上阶，盘旋倚壁而上，加以与山石花台呼应，起势不孤，是为梯云室庭

68

院制高之一景。整个庭院以山石廊与花台布置组合（图 68）。西墙半亭、南廊亭与衔接二者的廊子结合形成屋盖组合的变化。而西南隅作为障景布置的石笋竹石小品，在阴暗背景的衬托下，自北南望，引人注目。石笋三两，却有宾主之位，翠�柔枝傍依，清风拂动，生趣盎然（图 69）。

68
梯云室
69
网师园出口

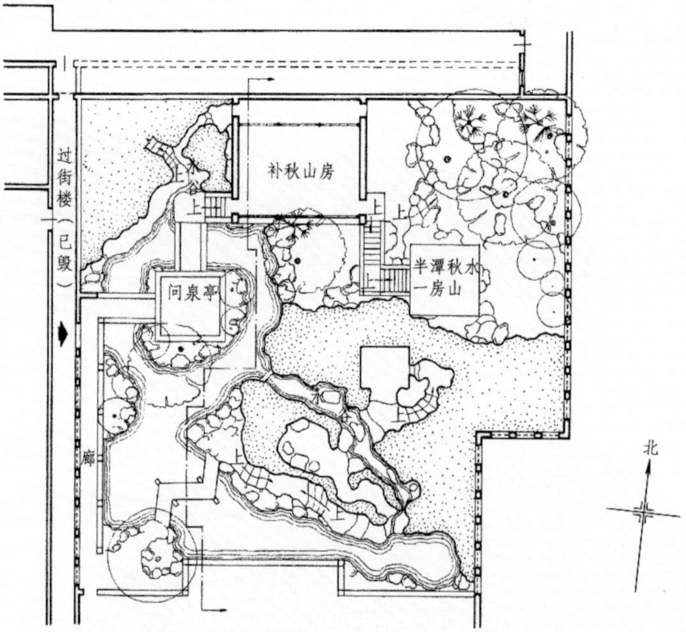

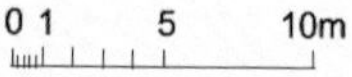

平面

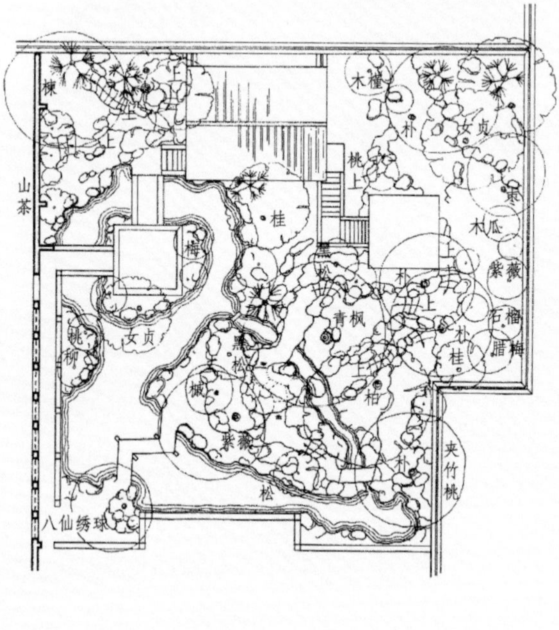

环秀山庄平面图

屋顶平面

4. 环秀山庄

清代掇山哲匠戈裕良在乾隆年间为汪氏宗祠兴造的“环秀山庄”，位于苏州景德路 280 号，园中假山是全国湖石假山之极品。新中国成立后将已毁建筑全部按遗址复原，并小修了假山。该园占地面积 0.22 公顷，其中假山占地 0.07 公顷（据《苏州古典园林艺术》）。

环秀问名立意，盖指山居中而建筑环山布置，山庄南、西、北三面布置建筑，东为高墙，为名园所指。秀指状貌或才能优美突出，古代园林称山为秀。如颐和园东宫门牌坊额题“罨秀”、北京故宫御花园假山额题“堆秀”，环秀也可理解为言太湖石之美。湖石在成岩过程中，含钙的石灰岩被含二氧化碳的水溶融而形成窝、岫、洞，一般都呈环形。此园主峰取洞的结构，并以环洞为框景纳西北山洞于其中，环环相套，充分展示了石灰岩环秀之美。池南四面厅“环秀山庄”有对联两副。一为：风景自清嘉有画舫补秋奇峰环秀，园林占优胜看寒泉飞雪高阁涵云。二为：丘壑在胸中看叠石流泉有天然画本，园林甲天下愿携琴载酒作人外清游（《苏州古典园林艺术》）。这比较接近原创意图，我分析立意据此。

70
环秀山庄园西北角层峦陡起上挑下缩，俨然悬崖，崖下山洞，拾级而上，径旁小溪漱石而下，有“罅”即石灰岩裂缝映目，做假成真也

以布局结构而论，这是一座以石山为主、水为辅、园林建筑为周环，东墙、南厅、西楼的假山园。山水相映体现在以水钳山、幽谷贯涧、引山溪穿洞和以水临台、架桥、绕亭、临舫、涵亭。因此山水、建筑、园路、磴道、植物俨然一体，和谐交接，协调发展。基地约为30米见方的地盘，却展示了高峰峻岭、深壑幽谷、绝壁飞梁、洞壑石室多种自然山水组合的奇观，我辈应叹服“臆绝灵奇”的最高园林艺术境界和卓越的工程技术，以具形景象印证了中国风景园林“有真为假，做假成真”和“虽由人作，宛自天开”的至理（图70）。

以山的构成而论，由主山、客山和西北角的配山形成结构的框架。主山、客山相峙成幽谷，不仅可引进环山之水，更是一种虚实空间的变化（图71、图72）。画论说：“山臃必虚其腹”，

71

72

在此取谷势。从宏观山势而言，主山虽居中却留出了西面的空间。西急东缓而向西有明显的动势。苏州之西乃真山所在，假山称“山子”，指真山之子，子山回望母山以表示山脉所依贯。这种假山的总体轮廓、动势及山水相衔的关系有关布局的章法，十分重要。再温清代杂家李渔《闲情偶寄·山石第五》论证说：“犹之文章一道，结构全体难，敷陈零段易。唐宋八大家之文，全以气魄胜人。不必句栉字篦，一望而知为名作。以其先有成局，而后修饰词华。故粗览细观，同一致也。若夫间架未立，才自笔生，由前幅而生中幅，由中幅而生后幅。是谓以文作文，亦是水到渠成之妙境。然但可近视，不耐远观，远观则襞襀缝纫之痕出矣。书画之理亦然。名流墨迹，悬在中堂，隔寻丈而观之，不知何者为山，何者为水，何处是亭台树木，即字之笔画，杳不能辨。而只览全幅规模，便足令人称许。何也？气魄胜人，而全体章法之不谬也。”我在此重

71
子山主峰向西回望母山

72
东墙作壁山，承接高檐水导入池中，壁山与幽谷形成深浅两壑，第一立交的石矼飞梁架壑而安

73

74

复布局理法所引，为强调假山设计总体布局之重要性。

从何而起？由西南循对角线方向而起，可以尽可能少占南北进深的尺度，鉴于必越池抵山，因此第一个景物为紫藤桥（图73）。做山石若桥头堡强调入口（图74），山石以峦头收顶，上峦下洞。为了便于静水的流通，桥头小阜贴水之脚做成水洞，东面皆有洞，并互通。就水石景而言若被水流所激而溶融为水洞，显得自然而空灵（图75）。为控制桥的体量和上建铁花架提供紫藤攀缘，选择了中高旁低的石折桥，原桥石礅上有插铁柱之孔，今已不存。此即《园冶》所谓“引蔓通津”的做法。紫藤为春花，四时之始犹园之始（图76）。

至彼岸，欲引导游人东转，必先阻而后导。假山组合单元选择石壁与栈道，以情理论，人皆不会自碰壁，因此石壁可阻人前进。在此北面还有山水景延伸，但可斜阻而不宜正挡，故石壁朝向西南而透北面的山水。栈道包括假山收顶做成悬崖和

73
居山东顶西俯，折桥跨水，展现随曲合方之线性理法

74
紫藤桥头石岸有洞贯通

75
紫藤桥头起石岗做峦头，下有水洞贯东西，此为东边水洞

76
过紫藤桥北岸石壁屏道，引导游人东转入栈道

75

76

78

79

77

循栈道东进，栈道尽，顿置宛转，洞口自现。入洞转西行，两道仅隔约 20 厘米厚的洞壁，然由明到暗，不知几许路程，涉洞成趣

78

洞壁自然采光孔洞

79

山洞结构创新，改梁柱式为券拱式，大小石钩带受力传力均匀合理而外观又天衣无缝，实乃戈裕良哲匠之独到也

临水石栏、磴道。其实地面本是平的，将中间垫高，两旁三两步石阶便具有上下的起伏（图 77）。石栏下有一水洞特别妙，外观并不奇特，但在洞中看却起到采光洞的作用。自上而下环环相套，层次很丰富。苏州大石山有这种上下漏洞山谷的自然景观，这无疑是外师造化、中得心源之作（图 78）。人由西上东下至尽头，地面收得很狭窄，左侧岩壁挡住了前方的视线，似乎山穷水尽时才由东转西，有洞口迎人。洞取券拱结构（图 79），这是戈裕良在山洞结构方面的创造，对湖石山洞特别相宜。戈氏说："如造环桥之法……可以千年不朽。"如今已有 200 余年，并无崩塌先兆，如善于养护管理，戈裕良这句话是可以符实的。进洞仅一弯便入洞府。（图 80）试想过桥上岸，经栈道由西而东，

80

环秀山庄石洞有外师大石山漏谷之象，入洞顿置婉转，引人入胜

81

洞府自然采光，内置几案，若有仙踪

82

天然石洞采光巧借地漏水面反光

80

81

82

进洞后又由东而西，其间只隔几十厘米的石壁，路线却极尽延长之能事，山路盘旋上下约有80米长。《园冶》论“路类张孩戏之猫”，说假山路的线形如同儿童以草逗猫，猫左扑右跌一样，这是最好的印证。由于从露天转入洞中由明变暗，仿佛来到另一空间。洞府有壁龛和石榻，渲染了神仙洞府的遐想（图81）。山洞结构明显看出“合凑收顶”之做法，顶壁一气，利用湖石透漏的孔洞采光，洞地面排水亦好，栈桥下涵洞不仅采光，兼做排水，设计是何等的灵巧，足以体现“景到随机”之借景理法（图82）。

出洞跨涧过步石，步石独一块成景。西望高空飞梁横架在绝壁幽谷间，这便很典型地体现了《园冶》所谓“从巅架以飞梁，就低点以步石”的理法（图83、图84）。幽谷南为洞府、北为石室。外实内虚的结构不仅节省了大量石材，外观体量大而山中皆空，选洞府、石室最宜，也是石灰岩典型的溶洞景观。石室之不同于洞府处，外观是自然山石，内观是人工墙壁。东侧采光洞内观为窗，外观是洞（图85～图88）。

过石室则顺磴道攀上假山第二层，有条石飞梁为架空石矼。俯首下瞰，幽谷尽在眼下，由上及下层次深远。山石嶙峋、溪谷透迤，俨然真意。山之“面面观，步步移”更进一步展现。视点高度转换，俯仰成景。山之高度自水面以上不过5

83

84

85

83

从巅架以飞梁，就低点以步石

84

自幽谷底仰望石矼飞梁，但见谷因近得高，石壁空灵剔透，涡、沟、洞等石灰岩自然景观毕现无遗

85

自石洞窥石室

86

洞尽梁现，石室在望

87

89

88

87

石室外景

88

石室内观

89

飞矼石梁下俯幽谷

90

幽谷俯览

91

飞梁既满足游览交通需要，又能自成一景，并借以为框景得景

92

幽谷飞梁，涧水容天

93

登山磴道

90

91

92

93

米有余，却给人俯临深山大壑之感受（图 89 ～图 93）。从山顶看，主山、客山相对峙，幽谷曲折深邃。穿主峰下洞、跨过飞梁，磴道两分下山，至补秋舫东又合而为一。东支路引向半潭秋水一房山，亭南与山石水池融为一体，水引入亭下而面对亭做水岫内含珠玑（图 94、图 95），做出实中有虚、虚中有实的变化。下亭则可见东墙根有土坡逶迤而下，山石散点以固土和减少冲刷，同时也与树木女贞、朴树的露根结合成景，这是山石散点的佳作。聚散有致，卧石浅露，别是一番景象。

94
洞中观亭，“人为之美入天然故能奇，清幽之趣药浓丽故能雅”

95
洞中观亭

96
自补秋舫推开南窗，山水唤凭窗

94

95

97

98

97

补秋舫形无舫象，意蕴补金水秋山之心境也

98

补秋舫北院，狭长洁净，东西地穴相望，取象宝瓶寓保平安

99
主山自西北南望洞峦相得益彰、动势明显，自然山水的整体感强，区区弹丸之地，六米之山，却呈峰峦插天之奇观

自补秋舫北小院，空门东西相通，西出则循级西下（图96～图98）。北墙原有洞引入井水成溪涧顺阶流入西北配山的洞中，出洞则贯通落入池北石罅。西北山亦可登顶回望历程，起、承、转、合这里可算“合”（图99）。西可进楼廊，东可循回折的磴道穿洞下山。出洞右转，在悬崖栈道尽头有一眼泉井，石壁上镌有“飞雪”，民国《吴县志》引有清乾隆年间蒋恭棐撰《飞雪泉记》（据《苏州古典园林》），可想当年泉井喷出雪白水珠如同飞雪之景观（图100）。

现将环秀山庄的假山之成就与特色概括如下：

（1）山居园中而周环成景，这是掇假山最难解决的。南京瞻园的湖石假山主要展示三面，背面靠土山无视线可及或可及亦无要景。环秀山庄却要求四面玲珑，可想难度，而戈氏却

100
飞雪泉

101
浣阶

“先难而后得”。京剧名家马连良先生在舞台上排戏休息时，有人请求他传授经验。马先生说：“我有什么经验，就是站在台上三面看都好看。”

（2）布局有章而又理微不厌精，故宏观、微观都耐人寻味。布局外实内虚、外旷内幽。精在石沟、石罅均为溶岩景观，但一般人多追求峰峦而少有做石缝、石沟者。他则真正是下了“外师造化，中得心源”“有真为假，做假成真”的功夫。

（3）所用石材并无奇峰异石，用的是普通湖石，但山体整体感强，体现了掇石成山、集零为整的工艺水准。环秀山庄的假山不是表现石之单体美，而是掇石成山的整体美，水平登峰造极。

（4）作为山水园，水不择流，水源有保证：

① 地下水相通。

② 天然降水，从东墙引下，线溪导引入池。

③ 飞雪泉水源。

④ 北墙外井水灌入以供不时之需。

⑤ 山水组合单元丰富，随境而安。山景的组合单元有皋、壁、石栏、栈道、洞府、步石、幽谷、石室、磴道、峰下石矼单梁洞、山池、岫、石矶、散点、悬崖、台、浣阶等（图101～图107）。水景的组合单元有泉、涧、溪、池、水岫等（图108、图109）。

⑥ 植物点植以少求精、景涵四时。原假山点植四株树

102
幽谷步石

103
水岫石岸

104
园之艮隅石，端须室内观

105
俯瞰幽涧步石，虚实相映成趣

106
湖石裂隙做法

102

103

104

105

106

107

湖石大假山西面观，环秀乃周环皆秀，造山之“步步移,面面观”也，难在四方被人看

108

下洞上台，清涧穿洞而下

109

洞中漱石小溪

107

108

木——紫藤、紫薇、青槭、白皮松，涵盖了春、夏、秋、冬的季相变化。可惜目前几无一存，却种植了很大的马尾松。精湛的文化未得完好保存是一件令人遗憾的事，应研究复原种植以发挥原作的综合美。紫薇桥铁架之铁柱矼洞、浣阶有所破坏，我已将原景照片交苏州市园林局，期盼能够复原真面貌。

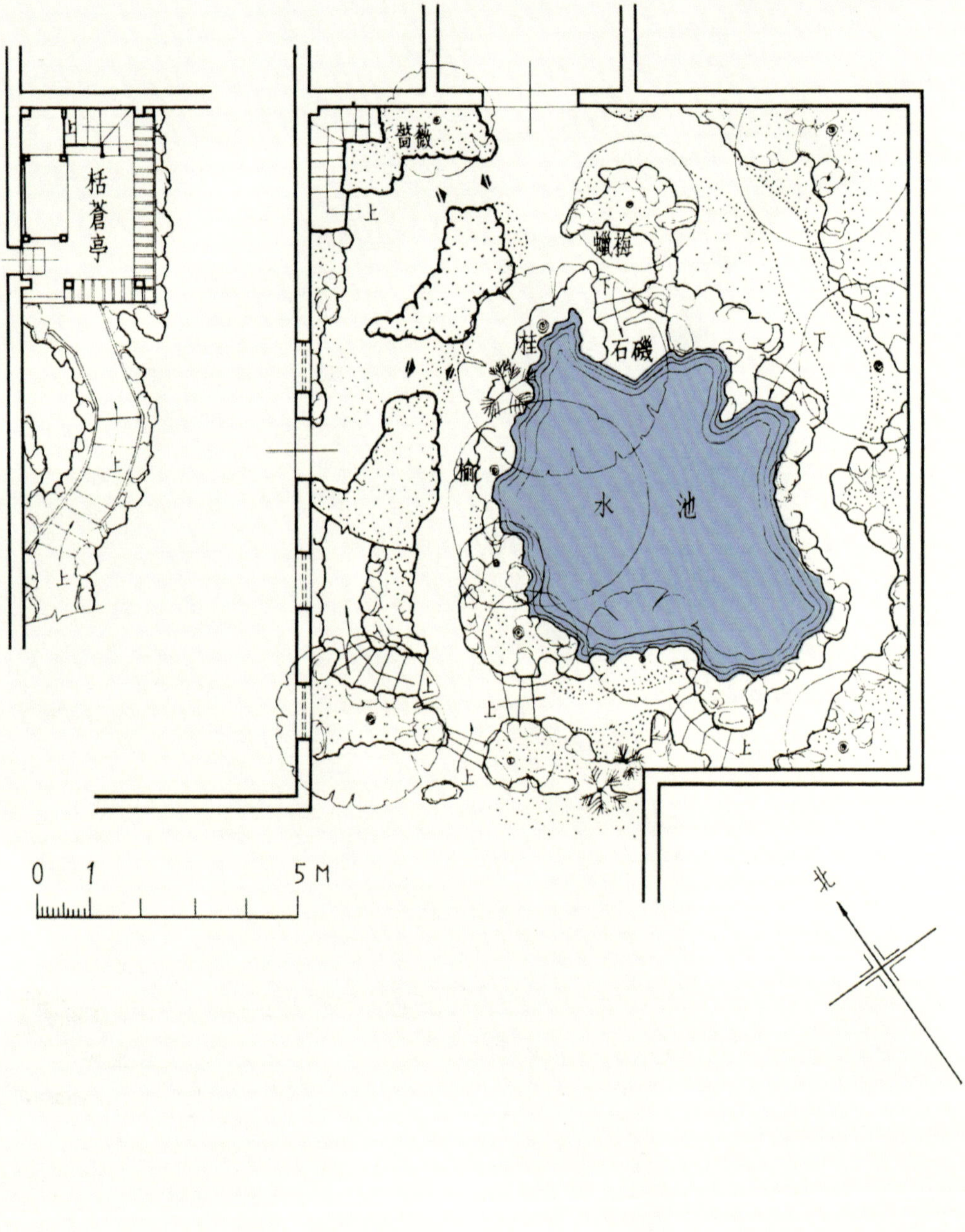

残粒园平面图

5. 残粒园

残粒园是私人住宅的宅园，现并未开发，故一般人不得而入。地址在苏州装驾桥巷 34 号，是清末扬州某盐商住宅的一部分（据《苏州古典园林》）。这是笔者所见最小的自然山水园，面积仅约 140 平方米，却洞穴潜藏、高亭耸翠、水影深远。

借小名园，问名“残粒”，粒已微小，何况残而不足粒。盐商经营盐粒，盐的细晶体也有残破不全的，是否有“少而精”“少吃多滋味”则是进一步遐想了。入园圆洞门内额题“锦窠”（图 110）。窠为巢穴，泛指动物栖息之所，所谓“穴宅奇兽，窠属异禽”（左思《蜀都赋》），也指人安居之所。另外，窠指篆刻的界格，锦窠可理解为精小的安乐窝，而且点出了特色是在方寸间精微地区划山水，借小求精。

錦窠

111

112

110
锦窠
111
栝苍亭
112
壁山

为四周墙内所围的面积约为140多平方米，南北约13米，东西约12米，子午线与对角线近乎平行。西南面为住宅楼山墙。园内布局结构以水为心、以路环池，路旁山石交加。主景却居北之高处。入园门北墙角以石洞嵌隅，入园洞门有湖石特置对景随即转入洞中。洞借宅之高墙而起，下洞上亭。入洞辗转而上亭，全园景物寓于目下。亭名“栝苍”，可知原有桧柏古木，但据园主人介绍是白皮松。亭亦借壁起半亭，对外有坐凳栏杆供凭眺，内墙布置博古架，琴棋书画之意韵顿生（图111）。自亭南引栈桥宛转南下，栈桥以山石为柱墩，两墩间抱山石形成洞，透过洞露出壁山，在本来极小的空间里创造了颇具深远、层次深厚的自然景观。故其奏效在于平面构成占边把角，中心让于水池而腹空。用不足9平方米的地盘布置了下洞上亭的全园主景。借壁起高，占地小而空间效果突出（图112）。水池虽占地，倒影却新辟了水容倒景的多维虚空间，光影摇曳，

113

鲜活生动，扩大空间的深远感。水池山石岸，水岫和石矶都属上品。加之内墙以山石花台镶隅，坡道起伏上下，薜荔满墙敷绿，景色和景深都相当丰富（图113～图115）。栝苍亭虽小却在位置上挺拔而起，背有所依、下有所据，尺度恰合其境，加之造型和栈梯山石变化，构成彼此十分协调的自然山水园，主景突出式布局具有小巧精致的艺术特色，这是全国的孤例和极品。

114

113
满墙敷绿
114
浣石接水岸
115
水池及倒影

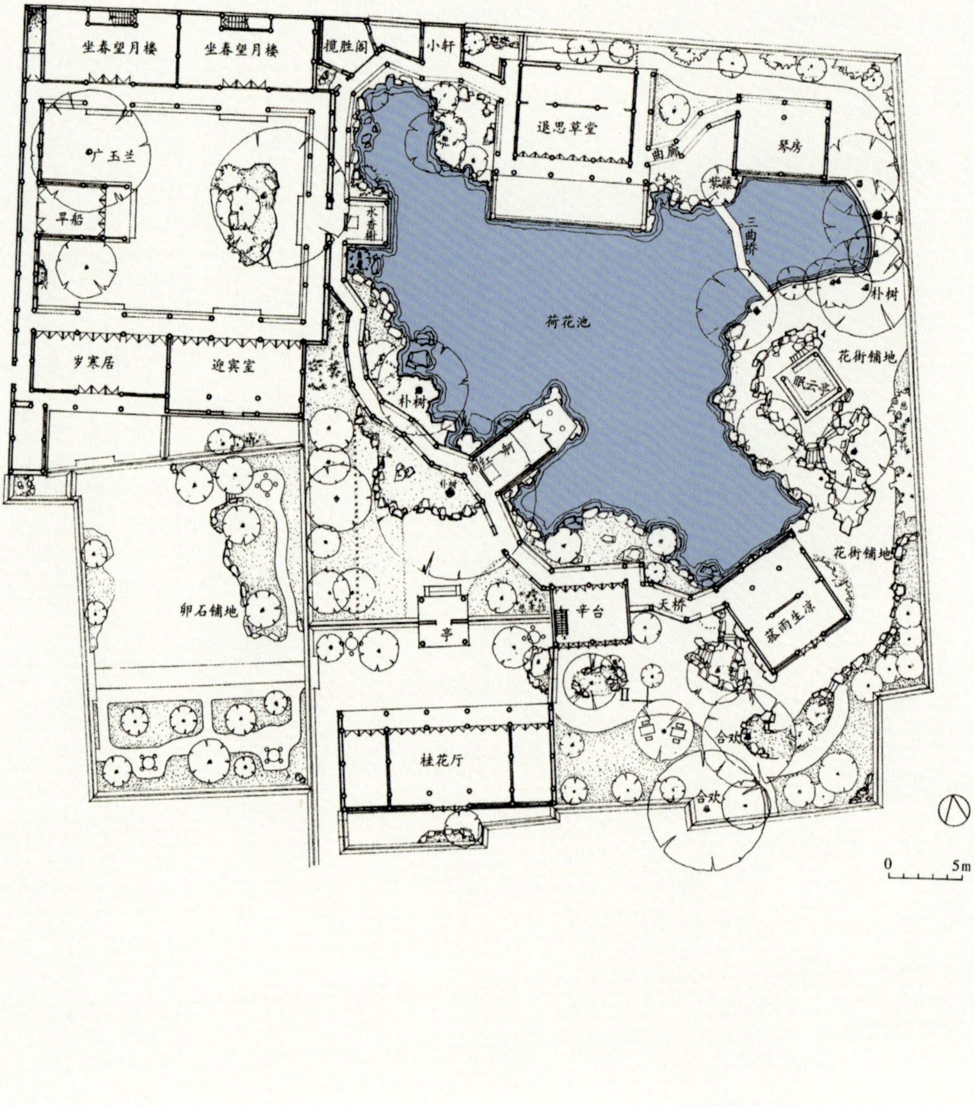

退思园平面图（不含内宅、外宅两进）

6. 退思园

退思园园址在吴县同里镇水乡中。据张驰《水乡园林小筑》介绍："《苏州府志》载有园林二百处以上。同里镇 1.47 平方公里，外为同里、九里、南新、叶泽、虎山五湖围绕，内为十五条河分割。"镇子因水成街、因水成巷，"家家傍水，户户通船"。退思园是"凤（阳）、颍（川）、六（合）、泗（州）"兵备道任兰生（字畹香）于清光绪十一年至十三年（1885—1887）建造的。任兰生为两府两州十八县的整饷兵备，年俸禄 70 ~ 80 石约万斤，但被弹劾解职返乡后只好建小园"退而思过"。退思园占地九亩八分（约 6000 平方米），包括外宅的轿厅、茶厅、正厅三进、内宅十（间），上十（间），下走马楼，并有下房5间，余为内外花园。

花园延请名画家袁龙设计，取《左传》“进思尽忠，退思补过”意，故名退思园（《苏州古典园林艺术》）。

116

园由西南角宅第进入，按照西宅、中庭、后园的总体结构布置，中庭与园相衔。中庭庭院北为“坐春望月楼”，南为“岁寒居”，西为伸出的中庭主建筑船厅（图116）。西对花园园洞门，门东有山石花台作为对景和掩映，半遮半露，引人入游。庭院四周借墙为半壁廊，循廊可移步得中庭换景，花台为自然景物焦点。庭中香樟、朴树浓荫匝地，玉兰展白飘香。

116
退思园中庭船厅
117
洞门西侧的庭院
118
入口半廊出柱架，虚底的水香榭

圆洞门反面上砖雕额题“云烟锁钥”，“云烟”为水景园景物的概括，“锁钥”为出入控制的要口，也可引申遐想，茫茫人生，何以主宰。从布局章法而言，唐代许浑诗“何处芙蓉落，南渠秋水香”、五代伍乔诗“碧松影里地长润，白藕花中水亦香”均提及水香（《苏州古典园林艺术》）。榭与洞门仅一廊和一板之隔，入水香榭面对的隔板起到障景的作用。既不得从

117

118

门外窥见，又是欲扬先抑之举（图117、图118）。入榭则全园景色奔来眼底，右望则九曲廊引人入胜，左取退思草堂等景，前呼后拥，左右逢源，文章“起”得好。九曲廊是布局章法之“承”，九为最大单数，回顾平生，坎坷话当年，曲折起伏，因意境捕捉景象，九曲起伏成廊。因“九”字成九窗，以九窗成九曲廊。因九曲做九漏花窗，因九窗篆“九”字：清风明月不须一钱买。“清风明月不须一钱买”出自唐朝李白《襄阳歌》：“清风朗月不用一钱买，玉山自倒非人推”，内容虽同于沧浪亭山亭联“清风明月本无价，近水远山皆有情”，但口气和

119
“闹红一舸”自九曲廊斜向挑出

心情却不同，相当于一句出自内心的牢骚话。这句话道出了园主的心声。但从内心而言，不甘退思，心中仍然对仕途有期望，憧憬再起。这就是紧接九曲廊，一舫斜出、横陈于池上之“闹红一舸”(图119)，其名取自南宋姜夔《念奴娇》：“闹红一舸，记来时，尝与鸳鸯为侣，三十六陂人未到，水佩风裳无数。”红荷、红鱼舸前闹红有何不可，内心深处所想却有所寄。日后果真复出。这就是在退思的基面上依托的反向穿插，布置形象采用斜插而区别于基面平稳的构图却又能融为一体。过了“闹红一舸”转入小跨院，有名为“天香秋满”的主体建筑桂花厅自成别院。堂前东壁开透窗以渗透东西院园景，此乃园中园的手法，小园周围与大园顺接。

“辛台”和“菰雨生凉”这组建筑，就单体很朴素，以楼廊相衔组合却十分得体，而且具有高下跌宕的变化，成为退思园很引人注目的园景，与主体建筑退思草堂隔水相望（图 **120**）。十年寒窗读书以“辛台”表现，付出辛苦得一高中。自然地运用楼廊，室内外都引楼上下，而且室外山石楼梯还组成了立体交叉的路线。透过廊子北望，山石、水池等各式建筑共同组成富于层次变化的深远景观。由“闹红一舸”、辛台、“菰雨生

120
辛台述苦劳，因台起楼廊，楼廊造高却陡直下跌，进入“菰雨生凉”之凄境

121
不如眠云高卧，
高枕无忧自得其乐

凉”、眠云亭和其间的廊、湖石、植物等在园之东南角以水为心的建筑群构成了本园最精彩的篇章。石舫伸臂内抱，隔池与眠云亭犹如左臂右膀合抱水湾，立面上辛台由伏而起，至“菰雨生凉”；从楼廊的耸高山墙骤降至“菰雨生凉”，产生了强烈的起伏变化。“菰雨生凉”名出南宋姜夔《念奴娇》“翠叶吹凉，玉容消酒，更洒菰蒲雨”之意，或取于彭玉麟杭州西湖三潭印月联“凉风生菰叶，细雨落平波”意。《园冶》论江湖池“深柳疏芦”概其要。此轩倒座面水，水石相得，夏日凉风习习，菰蒲水芳，蕉影玲珑。这是自然之境，亦为园主心境。退而思过，心扉生凉。

水湾东侧的眠云亭入园即可得景，甫入园门，只见下山上亭远景。这是经“菰雨生凉”伏抑以后，又扬起的空间处理，身历其间才会发觉这是下洞上亭的山亭结构（图 121）。西看但见峰石嶙峋的石岗，且有临水步道，夹岗其中，并有磴道引上，东面隐藏了一个石洞。眠云是居高而清逸的渲染。

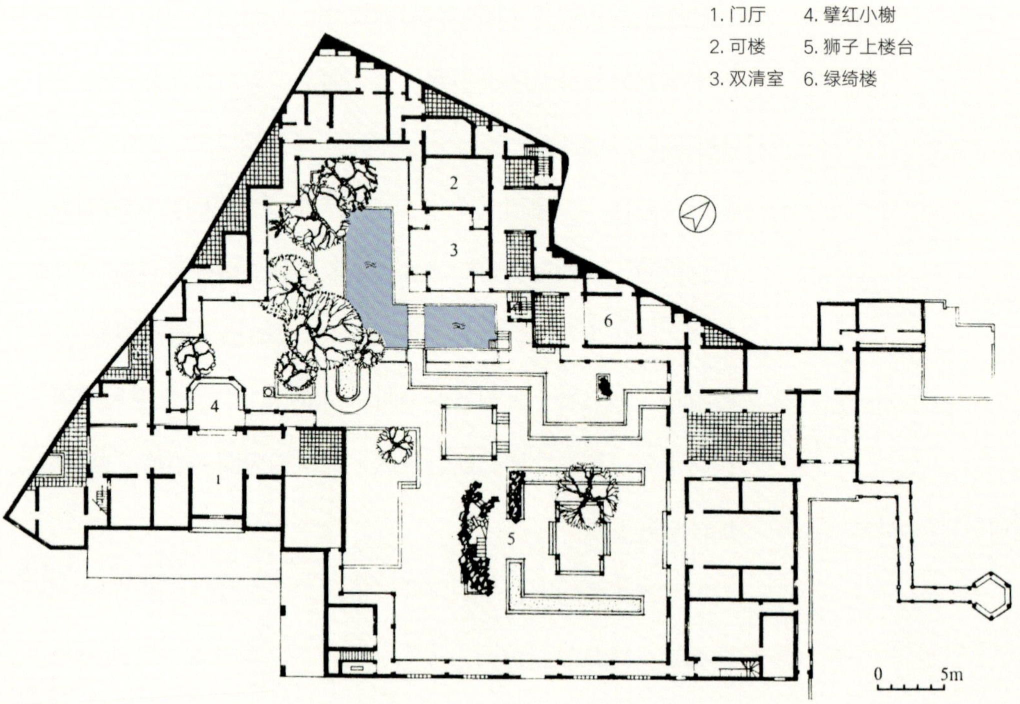

可园平面图（底层）

7. 可园

笔者所知可园有三，苏州沧浪亭对岸有苏式可园，北京南锣鼓巷有京式可园，东莞有粤式可园。三园各有千秋，而笔者印象最深而难忘的是东莞的可园，其在相地立意、巧于因借的园林理法方面有独到之处。不但有岭南水乡诗情画意之境，又以灵奇的借景创造了“景以境出”的水景建筑空间。虽于新中国成立之初已残破不堪，却在1965年根据陶铸先生指示由林若主持重建，将原占地3.3亩的可园扩展到24亩。除扩建前门楼、加门前荷池及假山、辟邀山阁旁后花园外，主要是扩展了东侧鱼塘、连零散水面为可湖。因此基本格局仍保持了原真性和完整性，成为历史中凝固的园林乐章，且具有典型的代表性。而今岭南四大名园中佛山的十二石斋难觅遗址，顺德的清

122
《可园胜境》图

晖园大幅拆改比较严重地损坏了历史名园的原真性和完整性。岭南园林中，保护得最好的是番禺的余荫山房。可园本身保护得很好，可外部环境遭到高架立交桥压顶的破坏，据说有关部门拟拆除改造。私以为文物已凝固而位置无可更改，现代建设完全可以退让一步（图 122）。

（1）可园的产生并不是孤立的，在客观上是中华民族文化相依为一体的结果。粤地古人十几万年以前已在此留下生息遗址，秦始皇统一岭南设郡南海，粤地便纳入了中华文化圈。赵佗立南越国后，汉代重臣陆贾出使南越国，于珠江湄建“泥城”。刘龑自立南汉后，该地与中原关系延续至清代，设省至今。其间产生五次大规模中原汉民南移入粤与百越土著融合的历史事件。特别有陆贾、印僧达摩、周濂溪、米元章、苏东坡、“南园五先生”、张玉书、潘仕成、梁九图、居巢、居廉等前贤参与文化及城市园林建设，在文化融合、传承和发展方面起了决定性的作用。

中华民族的宇宙观和文化总纲“天人合一”，是根据人既有自然性又具有社会性的客观实际形成的，天指自然。反映在中国文学上是“物我交融”的境界，“读万卷书，行万里路”的学习方法与以“比兴”为主的创作方法。反映在中国绘画是追求“似与不似之间”的境界和“外师造化，中得心源”的学习和创作方法。作为与中国文学、绘画有千丝万缕联系的中国园林，当然以“虽由人作，宛自天开”为追求的境界和评价的标准，以从“比兴”衍生来的“借景”为主要创作方法。所以，中国美学家李泽厚先生从美学方面将中国园林概括为“人的自然化和自然的人化”。人的自然化代表世界各国共同的追求，属科学性；自然的人化是中华民族的独特、优秀的艺术性，并以此自立于世界民族之林。

（2）明旨，就是明确造园的目的，有的放矢。可园主人张敬修尊敬前贤文明，精通琴、棋、书、画与造园。生逢外国列强侵华的时代，勇敢毅然地投笔从戎。任县长时出资修筑炮台，精论兵法，为国效劳，官至江西按察使署理布政使。1850年始建可园，1856年（咸丰六年）至1858年改建，1861年扩建。造宅园以自然山水修身养志和终老，在风光美景中广结文人，雅集可园，吟诗作画，吮毫治印，以文化陶冶性情，从物质和精神两方面得到心满意足的享受。岭南画派启蒙祖师居巢偕同居廉客居可园数载，金石家徐三庚在可园传授门徒。这些文人也很自然地为可园谋划，这一切都把可园铸定在很高的综合文化水平上，以诗情画意创造园林的空间，人造山水、建筑和植物环境以欣赏人造自然，这些景物又以题咏、楹联等反映人的意志和情趣。

（3）相地立意和问名心晓。这是不可分的两个创作环节，所谓“相地立意，构园得体”，指通过亲历用地，结合园旨来观察、审度用地之“宜”何在，如何因地制宜借景设计。意境指设计者谋划“对内足以抒己，对外足以感人”的境界。东莞东南部和中部为丘陵，北部为东江流域平原，西和西北部濒临珠江口，构成东南倾向西北河湖交错的水网地带。而可园东临可湖、西傍东江，这里土地面积有限，如何借用无限的自然山水风景来丰富有限的园景就成为至关重要的造园关键。从园名到景名都是意在手先地创造的。可为“可心”，合人意愿，可人心意是至高而又不张扬的佳名，也反映“君子之时中”的中

123
入门倒座擘红小榭，首先借以反映地域特色，同时有“开门见红”之吉祥彩气

庸思想。历史上嗜石之文人，问其何以嗜石，归根结底的回答是可心。“擘红小榭”为入口终端倒座之景，从章法上是“起”开篇。擘则是开的同义语和于平易中出奇巧之意。因为它要掰开的原指荔枝，说荔枝又太直接、太白了，于是巧用文学中的比兴，以“擘红小榭”为名。问名心晓，这里是园入口起始之门景，可园既罗致佳果，杂植成林，乃为榭居树间，并且把华南甚至珠江的地方特色都渲染出来了。《可园遗稿》记载“粤荔之美”，应推粤中第一。我国好荔枝分布范围不广，而珠江入海口东岸是名荔产区，景区言简意赅又生动鲜活地表达了这么多内容，而且以红代荔有开门红、开门见喜之趋吉的遐想，可见借景问名之要（图 **123**）。

124
绿绮楼
125
双清室

绿绮楼因藏唐代名古琴“绿绮台琴”而名，此琴先为明武宗朱厚照之御琴，再由海南名士邝露珍藏（图124）。清兵破广州时，邝露抱琴殉节，屈大均诗《绿绮琴歌》云“城陷中书义不辱，抱琴西向苍梧哭”。明万历兵部侍郎叶梦熊后人因其为皇室遗物而从清军手中购得。最后才辗转到张敬修手中，专为名琴建楼珍藏，问名知楼因琴名，而琴又有殉国之真情。

地上之竹和水中之荷都是人化为君子文质彬彬的相貌和内涵，双清室垒土种竹，凿池植荷而兼得双清，并寓意“人境双清”（图125）。建筑平面、室内铺地、槅扇图案和家具陈设都

124

是“亚”字形。亚通压，双清室在可堂东侧，堂为冠而室居亚。《可园遗稿》云：“双清室者，界于筼筜菡萏间，红丁碧亚，日在空香净绿中，故以名之世”。丁者，言万物之丁壮也，亚可引申为俦匹，义低垂貌。杜甫有诗云“花蕊亚枝红”。亚亦通掩，蔡伸《如梦令》词有“人静重门深亚”，亚字厅北负邀山阁，为四层楼阁，里外两道皆可通阁，屋内复梯可上下，屋外以磴道结合休息台盘旋而上。另一方作为宴客所在，重门深掩而得幽静。本应堂在室前，在此园欲借堂起可楼，楼阁宜后，故堂让室而室位堪俦匹于堂，这是本园灵活布局之特色（图 **126**）。可楼也名邀山阁，也富于借景的人情味。《可楼记》说：“居不幽者志不广，览不远者怀不畅。吾营可园，自喜颇得幽致，然游目不骋，盖囿于园，园之外，不可得而有也。既思建楼，而窘于边幅，乃加楼于可堂之上，亦名曰可楼……劳劳万象，咸娱静观，莫得遁隐，盖至是，则山河大地，举可私而有之。”楼高 15.6 米，为当时莞城制高点。从安全而言可兼作“碉楼”望哨，并有独立端严、居高控园和据高眺远的作用，远近诸山在望。阁内有联应景而生，“大江前横，明月直入”达到“臆绝灵奇”的借景境界。小中见大，幽里开旷，惜墨如金却气吞山河（图 **127**）。

（4）布局有章，景不厌精。这指宏观布局和细部处理。这

126

127

126

可堂

127

平湖高楼不仅御敌，平时纳山罨江，居一室而气吞山河，借景臆绝是一所宅第、宅园合而为一的宅第园，用地面积省但不显得局促。布局类型为主景突出式，用地之宜在水，可湖东临而东江西傍。山为可园灵，水为魂，建筑为心灵的眼睛，园径为脉，树木花草为毛发。借筑庭园而广纳外环水景当为借景之最要者也。用地若白纸而园之铺陈若着墨，“因白守黑”也，着黑亦可谓留白，布局之要在以建筑兴造内庭空间以广收周环佳景也。《园冶·兴造论》所谓“极目所至，俗则屏之，嘉则收之，不分町畽，尽为烟景，斯所谓‘巧而得体’者也”。可园起阁邀山，伸亭出榭邀水，乃至组成“迎景”的内庭空间，无非是与周环山水协调和谐，于封闭中开拓无尽的外景空间，这是可园独到布局精湛得体之处。造幽通旷，建小得大。请看可园建筑屋盖平面图，乃知总体是“迎人”之形体，建筑坐西北而敞东南，接纳东南风，有道是“夏地树常荫，水边风最凉”，适应地带气候（图**128**）。

画地为坐西北向东南的不规则多边形，“假如基地偏缺，邻嵌何必欲求其齐”，“量其广狭，随曲合方，是在主者，能妙于得体合宜”。可园于进深最大的中部设堂，为了布局紧凑而采用“连房广厦”的建筑组群组合。一来节省地盘，也适应高温、高湿、多雨的气候，进而可得聚散有致的建筑景观。由中庭左（东）出连房和临水平台，伸曲尺形平桥入水安可亭，从

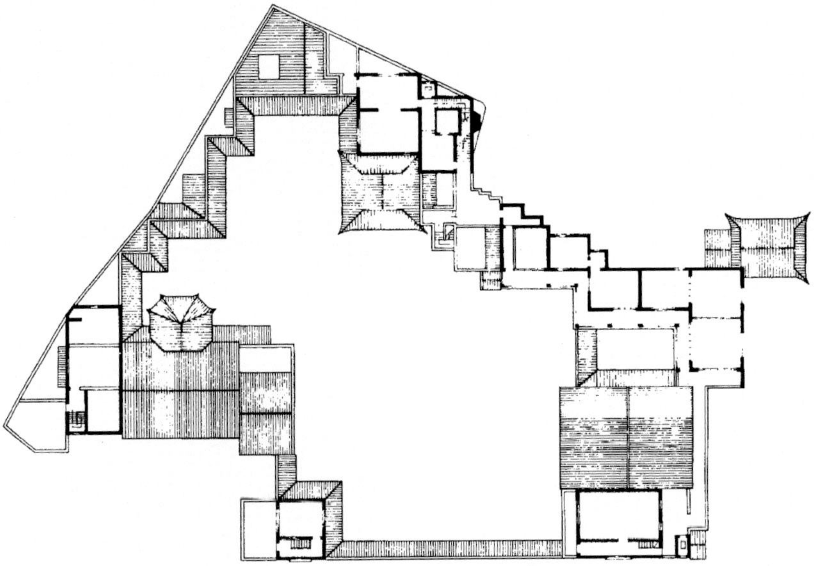

128
可园屋盖平面图

紧凑中觅空灵而不局促。再从中庭右（西）欲挟还伸地出曲廊数折，屏障西界并与园墙组成丰富多变的廊院小空间，这样也同时考虑从东南角开大门由西廊导引入堂室，形成占边、把角、让心的空间布局。对大过建筑占地面积的内庭空间，再于内庭掘曲池以嵌合、围抱堂室、起台掇山、遍植花木而构成内庭空间起伏曲折的变化。所谓“花木情缘易逗，园林意味深求”。

建筑立面构图在地盘图的基础上衍展，北高南低平顺地与可湖水面相接，楼阁因高而居后，控景压镇。高阁面向东南的主要面若孤峙无依，东面则有一层、两层、三层的建筑贴靠显得基底雄厚，前呼而后拥，左右也逢源。东南立面则拔地四层，独立雄踞。可园建筑组群的立面变化丰富又自辟名园之蹊径，可以说极尽建筑空间立面变化之能事，这是给笔者印象深的具象原因。建筑的立面变化值得专题研究，在此难详。

129

130

可园的细部处理也令人欣赏不尽（图 129、图 130）。园之布局给人宏观的气魄和气韵，其衍展还必须结合微观的各景逐一展开，以形成令人“日涉成趣”的宅园景物。所以我说兵不厌诈、景不厌精，因小而必以精湛吸引邀人。“涉门成趣”是“日涉成趣”的重要因素。园之开局就足以令人赞许，有好的开始就相当于成功一半。从门厅直接引入半扁八方形的精致小榭，门厅为小楼曲院组合，门厅北坡顶出榭的屋盖，门厅后廊顶出半八方榭的屋盖，层次丰厚而不单薄。自门厅穿过圆形满月墙洞入园，园洞门前两旁又有一间半待客室，各有磨砖园门洞与后廊相衔。整个门厅是一组有所对称而非完全中轴对称的门、厅、廊、榭融为一体的建筑组群。擘红小榭是其中的领军角色。上承大门，

129
雕花落地罩反面回望，室内外空间融为一体
130
雕花落地罩

贯以半壁廊，衍展为曲尺形半全相向的游廊而导引至北隅之望街楼。连贯、通顺，是为可园序曲，起得精彩而布置适度，没有张扬。由序引向其东的主庭高潮，中庭轴线也由于向东位移而避开了从门厅视线一览无余的缺失。由于地居用地进深最深之所，南让出庭园空间并以曲池嵌合主体后，布置了自东南而出、由西向东一系列的堂、厅、室建筑，组成层层院落、重门深掩之幽静空间。东至绿绮楼为承转过渡点。可堂居后而小，双清室大，低而居前，可堂上因高起之邀山阁而压缩面积，自成独立端严、左呼右拥之势。

水乡的先民为渔人，文人借以为师的也是桃花源的渔家。可园东庭皆因水成景（图 **131**），临湖建可亭、诗窝、观鱼簃（图 **132**）、观漪亭、船厅等错落起伏、因水致远的建筑。居巢因此题咏“沙堤花碍路，高柳一行疏；红窗钓车响，真似钓人居”。

（5）花木情缘易逗，园林意味深求。由于湖湄地低湿，为了降低地下水位，利于植物生存，植物多用台植。种植类型以点植为主，孤植、树丛互为衬托。台多循廊间之尽头布置，或结合建筑、园路起棚架成景。托花言志，物我交融。园主人立下“百年心事问花知”的意境，花木随遇而安，顺理成章。水景有濠梁观鱼的典故，居巢偕居廉常游思于湛明桥上，赋诗中有“小桥莲叶北，琴幽行室虚，碧荫翻荇藻，肯信我非鱼”。

131

132

花之径的花架，紫藤、炮仗花春冬迎人，令人遐想“紫气东来”和元旦“爆竹一声除旧”。问花小院逗人情缘，台植藏花喻君子之高洁，花隐园逢花信风借牡丹、菊花盛时邀客参加“花事雅集”吟诗、对句、作画、度曲，昭显风雅，赏心悦目。这是典型的岭南文人自然山水园。

园主张敬修亲撰可园正门联：“十万买邻多占水，一分起屋半栽花”，足见对环境绿化美化之重视，意在虽隐而盼出，是为其志。简士良心解其意赠联曰：未荒黄菊径，权作赤松乡。借古喻今，颇尽其意（图 133）。

以花木喻古人隐显，再引出园主心愿，是将文学艺术比兴园林借景之佳例。居巢、居廉既为可园出谋划策，又借可园客居创作了《宝迹藏真册》书画。岭南画派奠基于可园，画与园相互促进。苏东坡赞王维之诗画曰“观摩诘之画，画中有诗，味摩诘之诗，诗中有画”。可园之于诗画，亦难分难解，园林意味得以深求。以诗画创造空间，再借园林空间觅诗意。

东莞出可园，可园何以推动东莞建设？其中蕴含的理法如何根据现时代社会生活内容有创造性地发展，是新时代园林工作者需要面对的问题。“巧于因借，精在体宜”的传统园林理论，反映因地制宜的科学性，据可园之胜而谋求可心之城。扩大到城市建设，天人合一的宇宙观体现在“不是河湖山水服从

131
临湖建筑
132
观鱼簃

133

“十万买邻多占水，一分起屋半栽花”，
说明可园相地、借景之要

城市，而是城市服从河湖山水”。东莞松山湖项目根据地形起伏的用地自然特性，改城市方格网直线道路为顺应自然地形的自然式城市道路，“峰回路转”地处理城市道路和用地自然地形的关系，这些实践十分成功。首先是保护了城市自然资源，在当前城市商业化、人工化的弊端中，天然地形是打破“千城一面”的法宝。一定的纵坡和转弯半径保证了交通安全，而自然地形又为加入绿量、绿视率、适应多品种植物对不同生态环境的要求，并形成层次丰厚、组合自然、色彩多样和天际线变化的道路绿地提供了保障。一举数得，值得在相类似条件的城市推广。如果东莞能继往开来，与时俱进，那就要千方百计保护城市自然资源，在自然为君、人为臣的总体协调的关系下，发挥人的主观能动性。实现“人杰地灵”，“景物因人成胜概”，并落实到规划、设计和管理之中，东莞为珠江东面东江流域莞草之乡，要建成十步必见芳草的人居环境，需要后人的不懈努力。

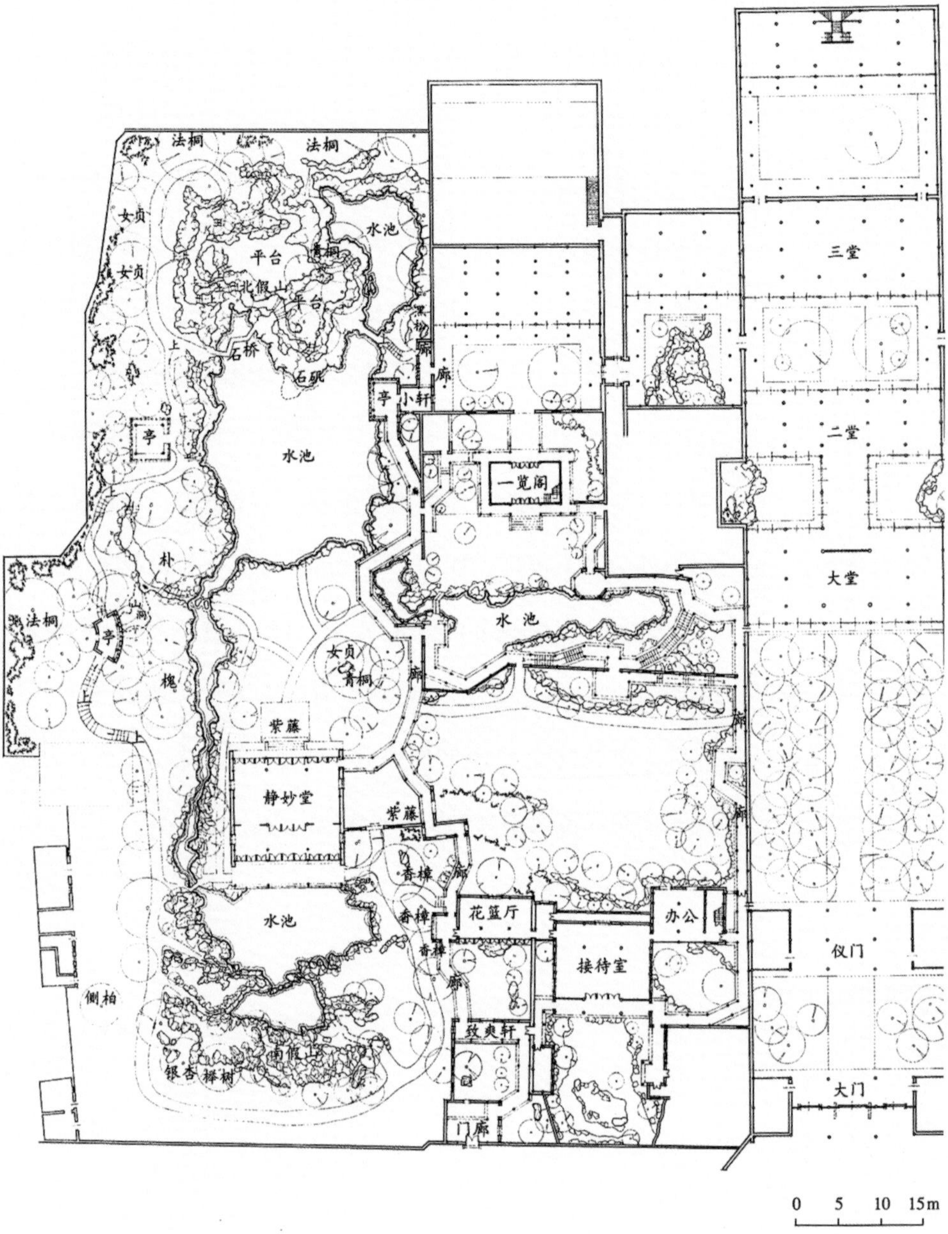

法桐
法桐
女贞
女贞
水池
平台
青桐
北假山
平台
石桥
石矶
黑松
廊
亭
小轩
廊
亭
水池
一览阁
朴
法桐
亭
水池
女贞
青桐
廊
槐
紫藤
静妙堂
紫藤
香樟
廊
水池
香樟
花篮厅
办公
香樟
接待室
廊
侧柏
致爽轩
南假山
银杏 榉树
门廊
三堂
二堂
大堂
仪门
大门
0 5 10 15m

瞻园平面图

8. 瞻园

南京瞻园，原为明初中山王徐达的西花园，距今已有600多年的历史。清乾隆南巡时，曾驻跸于此，并题名瞻园。乾隆回京后，还命人在北郊长春园中仿瞻园形式建造了如园，足见瞻园园制之精。

1853年太平天国定都天京，这里先后为东王杨秀清、夏官副丞相赖汉英的王府、邸园。天京失陷后，遭到清军破坏。同治四年（1865）、光绪二十九年（1903）曾两次重修。新中国成立前又被国民党特务机关占为杂院，荒芜不堪。1960年在刘敦桢教授主持下开始整建，掇山由王具峰师傅施工，迄1966年，建成目前所见的面貌。

瞻园是著名的假山园，全园面积仅8亩，假山就占3.7亩。

自然式的山水构成园的地形骨干，结构得体，造景有法，山水之间相辅相成，山水与建筑、园路、植物之间又相互融汇，浑然一体。

主体建筑静妙堂，系面临水池的鸳鸯厅，把全园分成南小北大两个空间，各成环游路线，成功地弥补了南北空间狭长的缺陷（图 **134**）。南部空间视野近，北部空间视野远，北寂而南喧。全园南北两个水池。南部水池较小，紧接静妙堂南沿，原为扇形水面，修建时改为略呈葫芦形的自然山池，近建筑一面大而南端收小，著名的南假山便矗立在小水池南。北部空间的

134
静妙堂北面全景

135
瞻园贯通南北假山之山溪

水池比较开阔，东临边廊，北临石矶，西连石壁，南接草坪，曲折而富于变化。修建时把水池东北端向北延伸西转，曲水芷源，峡石壁立，更添幽静、深邃的情趣。

园中一溪清流，蜿蜒如带，南北二水池即以溪水相连，有聚有分（图135）。水居南而山坐北，隔水望山，相映成趣。南北两个性格鲜明的空间，亦因此相互联系、渗透。造园者还巧妙地运用假山、建筑，进一步分割更小的空间，使游人远观有势，近看有质。布局合理，细部处理精巧，款式大方，于平正中出奇巧。情景交融，宛若天成（图136）。

瞻园山石甚多，有些还是宋徽宗花石纲遗物。著称者有仙人、倚云、友松诸石。亭亭玉立，窈窕多姿，为江南园林山石之珍品。仙人峰置于南门后的庭间，最佳一面正对入口，前有落地漏窗做框景，从暗窥明，衬以浓郁的木香，俨然条幅画卷，用以作为入口的对景和障景，十分恰当。

136

136

瞻园石梁跨涧，有惊无恐

137

瞻园南假山为刘敦桢教授设计、王其峰师傅施工的优秀作品，钟乳石洞有旱洞和水洞之分而又融而为一，钟乳石倒挂下垂，洞后峰峦为屏，洞前东西半岛相顾盼，水中步石低点，层次丰厚，动静交呈

（孟凡玉 / 摄）

步入回廊，曲折前行，移步换景，涉以成趣。过玉兰院、海棠院，倚云峰置于精巧雅致的花篮厅前，坐落在东南隅的桂花丛中，适为几条视线的交点。其余一些特置山石和散点山石分布在土山、建筑近旁，有的拼石成峰，玲珑小巧，发挥了山石小品“因简易从，尤特致意”的作用。出回廊向西，便是花木葱茏的南假山了。

南假山气势雄浑，山峰峭拔，洞壑幽深，“一峰之竖，有太华千仞之意”（图 137）。假山上伸下缩，形成蟹爪形的大山岫，钳住水面。岫内暗处，仿自然石灰石溶蚀景观，悬坠了几块钟

137

139

乳石，造成实中有虚、虚中有实、层次丰富、主次分明的山水景观。悬瀑泻潭，汀石出水，钟乳倒悬，渗水滴落，湿生植物杂布山岫间。苍岩壁立，绿树交映，岩花绚丽，虚谷生凉，俨然真山。山岫东侧又连深邃的洞龛，水池伸入洞中，可贴壁穿行而上，游人至此，如入画中，俯视溪涧，幽趣自生。崇岩环列，直下如削，乳泉层琮，如鼓琴瑟（图 138、图 139）。

修建时曾将静妙堂南屋檐降低了一些，使游人从室内望南假山不至穷见山顶，而见两重轮廓，两重峰峦，绝壁、洞龛更显峭拔幽深。南假山水池东北有明代古树二株：紫藤盘根错节，

138
瞻园旱洞
139
瞻园水洞

女贞翠绿丰满（图 140）。另有牡丹、樱花、红枫等点缀于晴翠之中，鸟鸣蝉噪，金鱼嬉游，泉水潺潺，更衬托出南部空间亦喧亦秀的特色。

北假山坐落在北部空间的西面和北端（图 141）。西为土山，北为石山。土山有散点湖石，石山包石不见土。两面环山，东

140

141

140
瞻园紫藤干枝盘虬如书法

141
瞻园北假山之石屏风

抱曲廊，夹水池于山前。池南草坪倾向水面，绿茵如毯，柳绿枫红。普渗泉静静涌出，水面清澈无澜，宛若明镜。蓝天白云，花树亭石，倒映其间，形成倒山入池、水弄山影的动人景观。北部石山独立端严，自持稳重，东南山脚跌落呈熨斗形石矶平伸水面，于低平中见层次，丰富了岸线的变化。石山西面向南延伸为陡直的石壁驳岸，水池北端伸入山坳，使人感到水源好像出自山间凹处（图 142）。紧贴水面的石平桥，曲折于水池之北，既沟通了东西游览路线，又因曲桥分隔，使水面的形态和层次都增添变化（图 143）。平桥附近旧有泉眼，为观泉佳处。石山体量虽大而中空，山中有瞻石、伏虎、三猿诸洞潜藏。山

142
瞻园北山东北隅，延水成湾，石壁陡立，与原西边之假山隔水呼应而性格相异，在变化中求统一

143
瞻园北假山石折桥
低贴水面通达西岸

道盘行复直，似塞又通。山西低谷盘旋，和山道立体交叉。自谷望山，山更高远；自山俯谷，幽深莫测。沿山径，山石玲珑峭拔，峰回路转，步换景异。山顶原有六角亭一座，修建中为了遮挡园北墙外高层建筑，改亭为峭壁，峭壁前为平台，形成全园新的制高点。登临一望，山前景色历历在目，充分体现了古典园林起、结、开、合的艺术手法。“妙境静观殊有味，良游重继又何年。”瞻园虽小，山水卓著，清风自生，翠烟自留，园制之精，驰誉中外，游人每至，流连忘返，往往尚未离去即生重游之想。

帝王宫苑

下卷

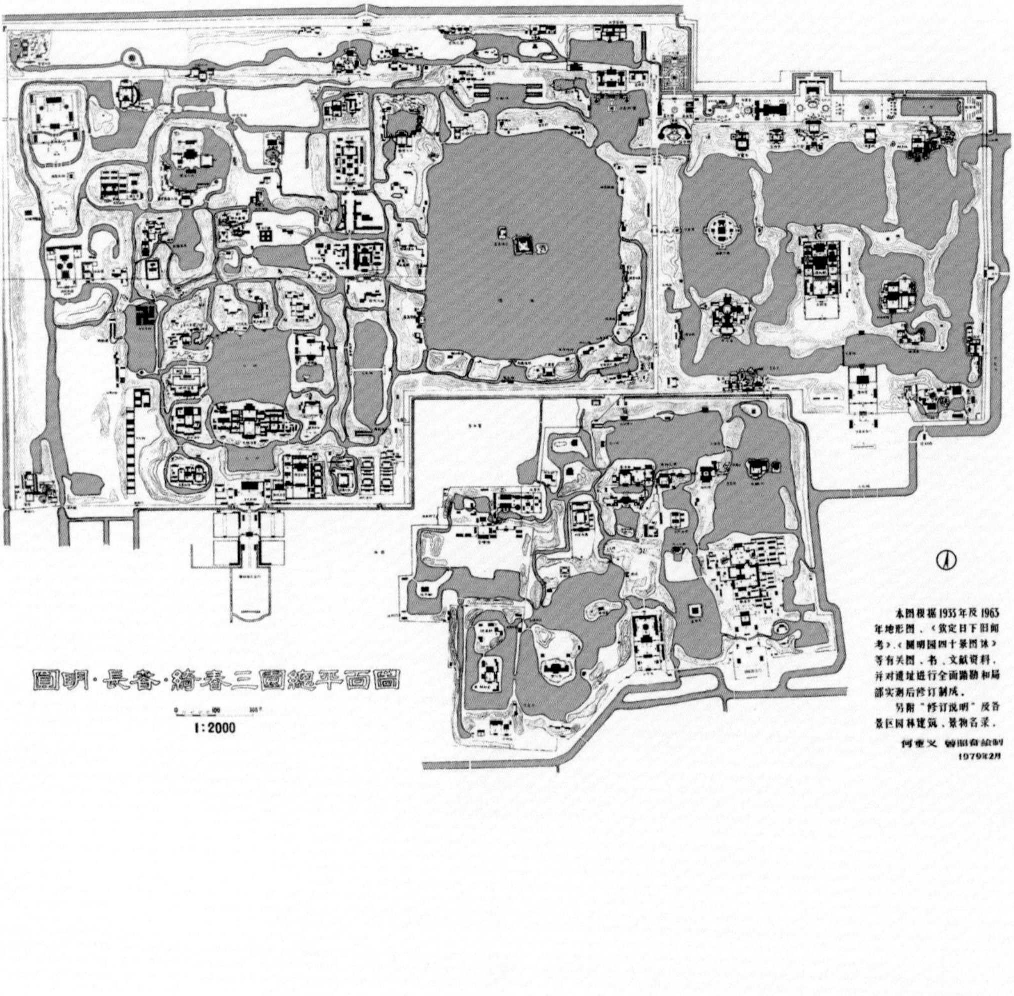

《圆明 · 长春 · 绮春三园总平面图》
（图片引自中国圆明园学会《圆明园四十景图咏》

1. 圆明园九州清晏

清代康乾盛世兴造了不少宫苑，其中最突出的是北京的圆明园和承德的避暑山庄。清漪园（今颐和园）是作为圆明园的属园建造的。《御制圆明园图咏·正大光明》开篇说：“胜地同灵囿，遗规继畅春。”（图 144）说明清代宫苑继承和发展了中国皇家园林肇发的传统。“遗规继畅春”是说建设在明代的畅春园是典范，也要从体制方面遵循前辈所制定的规制。圆明三园首建圆明园。问名“圆明”，取“君子时中”之意，乾隆有圆明居士之称呼。《乾隆御制集圆明园后记》：“我皇考之先忧后乐，一皇祖之先忧后乐，周宇物而圆明也。圆明之义，盖君子之时中也。”其意境则要反映“普天之下，莫非王土”和“括天下之奇，藏古今之胜”的思想，建成“实天保地灵之区，帝王豫游之地”。

除了避暑理政的宫殿区“正大光明”“勤政亲贤”外，第一个全园的中心景区便是“九州清晏”，“九州清晏”（图145～图147）是“天下太平”的同义语，体现了中华都归一统的紫宸志。九州清晏岛的构想和设计是成功的典范，唯九州岛能涵盖中国的天下，所依托的哲理是驺衍的《九州说》诗，“九州”是传说中上古时中国行政区划的版图，西汉以前认为是大禹治水后所进行的区划。州名虽未有定论，但总数为九，泛指全中国。可参见上海辞书出版社《辞海》中的《禹贡九州图》。立意既成，如何将抽象的意念转化为景物的形象呢？这又要重提“外师造化，中得心源”了。设计“九州清晏”所师的造化就是古代位于湖南、湖北交界处的大湖——“云梦泽”。《辞海》谓“古泽薮名”，据《汉书·地理志》等汉、魏人记载，云梦泽在南郡华容县（今湖北潜江市西南），范围并不很大。晋以后的经学家将古之云梦泽的范围越说越大，一般都把洞庭湖包括在内。据今人考证，古籍中的“云梦”并不专指以“云梦”为名的泽薮，一般都泛指春秋战国时楚王的巡狩区。

物质的宇宙和世界何其博大。偌大天下，土地要缩小到有限的园地中是不可能也不必要的。这就必须借助于概括。圆明园中的九州是中国版图的艺术再现，而中国版图又是借战国末

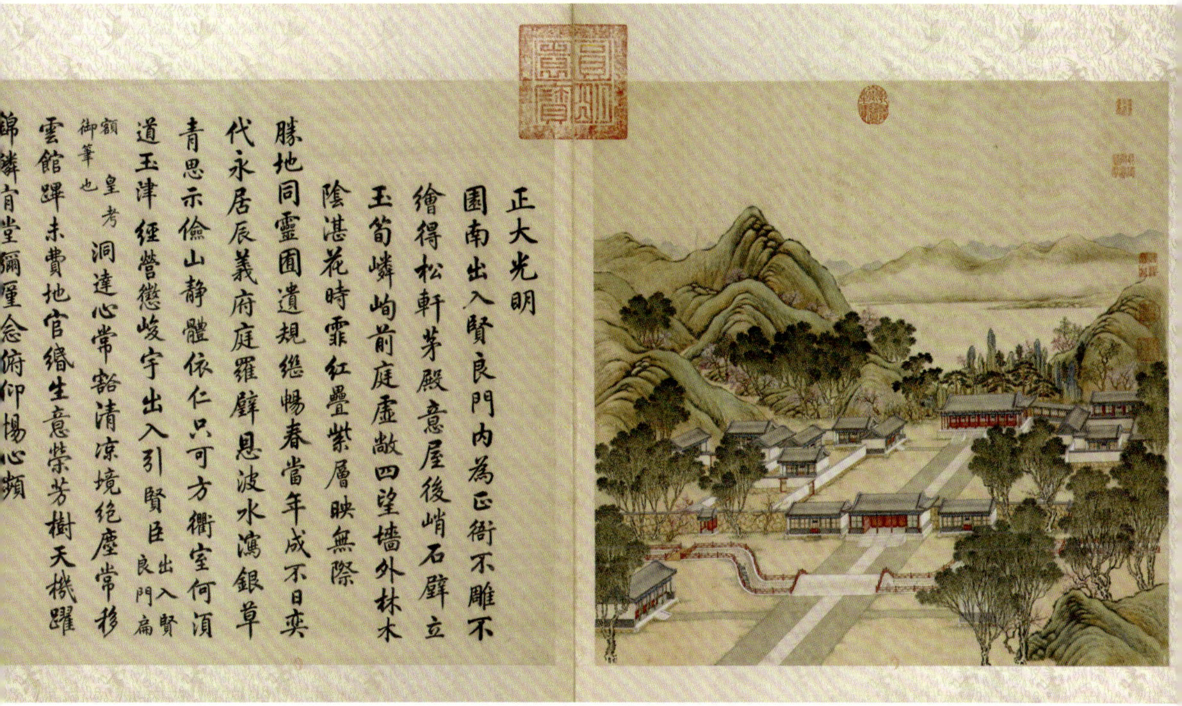

144

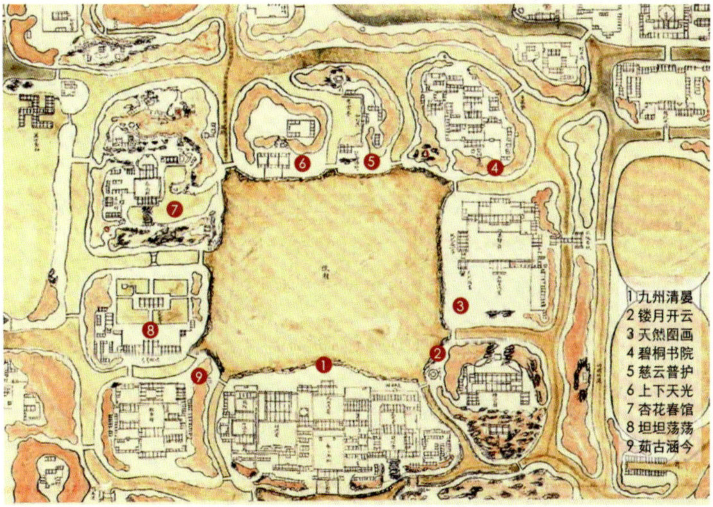

145

144
《圆明园四十景图咏》之“正大光明”（图片引自法国国家图书馆）

145
圆明园九州景区布局示意图（图片改绘自北京故宫博物院藏5462号样式房图档）

146

147

146

《圆明园四十景图咏》之“九州清晏”（图片引自法国国家图书馆）

147

圆明园“九州清晏”遗址（朱强 / 摄）

期的哲学家驺衍的哲理而来的。

驺衍是阴阳家的代表人物，齐国人，曾周游魏、燕、赵等国，受到诸侯礼敬。他的研究方法是“必先验小物，推而大之，至可无垠”，提出“大九州说”。他称中国为赤县神州，为小九州，是全世界八十一州中的一州。每九州为一集合单位，称“大九州”，有小海环绕。九个“大九州”另有大海环绕，再往外便是天地的边际。

九州的内容和版图还不足以作为“九州清晏”景区创作的全部依据，还必须把驺衍学说中“海”与“州”的关系用山水间架表达出来。圆明园这块地面原称“丹棱沜”，顾名思义，是一片具有零星水面的沼泽地。根据这种原地形的地宜，作者按“外师造化，中得心源”的艺术创作方法，选择了“云梦泽”作为水系所借的天然模式，把《禹贡九州图》与圆明园“九州清晏”景区的平面图相对照，其间渊源的关系是十分清楚的。只不过“九州清晏”为了表现驺衍宇宙观以海为心和外环大海的思想，将相当于豫州的部分取出布置在西南角，这样中心空处便成为象征海的“后湖”。再以树、石、屋为笔墨，富于文人诗情画意的“九州”便艺术地再现出来了。

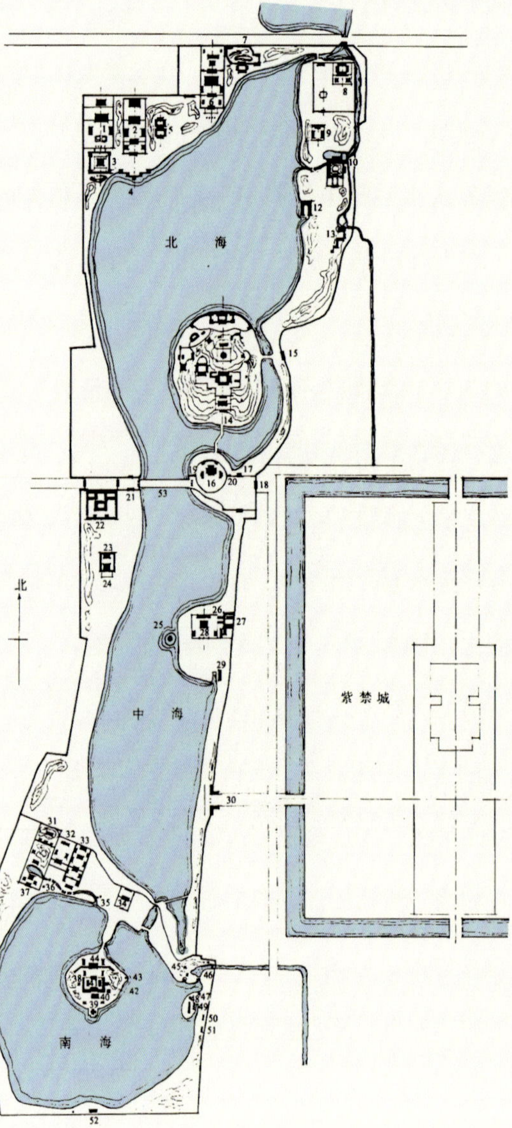

1- 万佛楼
2- 阐福寺
3- 极乐世界
4- 五龙亭
5- 澄观堂
6- 西天梵境
7- 静清斋
8- 先蚕坛
9- 龙王庙
10- 古柯亭
11- 画舫斋
12- 船坞
13- 濠濮间
14- 琼华岛
15- 陟山门
16- 团城
17- 桑园门
18- 乾明门
19- 承光左门
20- 承光右门
21- 福华门
22- 时应宫
23- 武成殿
24- 紫光阁
25- 水云榭
26- 千圣殿
27- 内监学堂
28- 万善殿
29- 船坞
30- 西苑门
31- 春藕斋
32- 崇雅殿
33- 丰泽园
34- 勤政殿
35- 结秀亭
36- 荷风蕙露亭
37- 大园镜中
38- 长春书屋
39- 迎重亭
40- 瀛台
41- 涵元殿
42- 补桐书屋
43- 牣鱼亭
44- 翔鸾阁
45- 淑清院
46- 日知阁
47- 云绘楼
48- 清音阁
49- 船坞
50- 同豫轩
51- 镏古堂
52- 宝月楼

西苑、琼华岛平面图

2. 北海

北京城自元大都便“引水贯都”了，循元人对内陆湖的称谓“海子”而简称海。地安门以北称前海、后海，后海又称什刹海，以南称北海、中海及南海。金大定十九年（1179年）借辽代利用古河床开辟的“瑶屿”扩展为金海（由西来金水河供水），金人进京慑于汉人势众，欲建“镇山”，便取湖土筑山称“琼华岛”，构成山水骨架，迄今840多年。岛顶初建广寒殿，取《园冶》“缩地自瀛壶，移情就寒碧”之意。元代在金基础上修建，引白浮泉水经长河输水而取代了金水河，将琼华岛改称万岁山。清顺治八年（1651年）在山上建刹立白塔，有“白塔晴云”的意境。

造园循“一池三山”之制而因借地宜，形成长河如绳的三

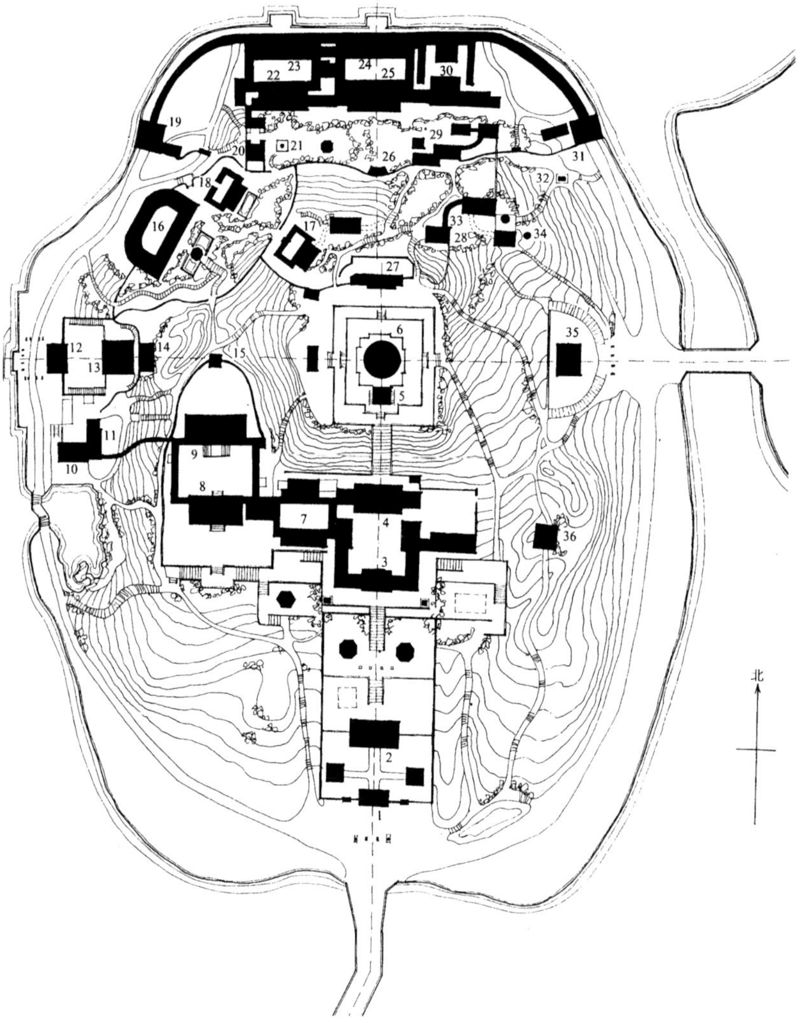

1. 永安寺山门　2. 法轮殿　3. 正觉殿　4. 普安殿　5. 善因殿　6. 白塔　7. 静憩轩　8. 悦心殿　9. 庆霄楼　10. 蟠青室　11. 一房山　12. 琳光殿　13. 甘露殿　14. 水精域　15. 揖山亭　16. 阅古楼　17. 酣古堂　18. 亩鉴室　19. 分凉阁　20. 得性楼　21. 承露盘　22. 道宁斋　23. 远帆阁　24. 碧照楼　25. 漪澜堂　26. 延南薰　27. 揽翠轩　28. 交翠亭　29. 环碧楼　30. 晴栏花韵　31. 倚晴楼　32. 琼岛春阴碑　33. 看画廊　34. 见春亭　35. 智珠殿　36. 迎旭亭

148

琼华岛平面图

海水系，仙岛呈南北纵向排列。琼华岛是其中之一，后又建方壶、瀛洲二亭。仿北宋艮岳，主山出东、西二山，汲湖水蓄水经域。《辍耕录》中记载，“引金水河至其后，转机运㪺，汲水至山顶，出石龙口，注方池，伏流至仁智殿后，有石刻蟠龙，昂首喷水仰出，然后东西流入于太液池”。《塔山四面记》中则说，“盖亩鉴室水盈池则伏流不见，至邱东始擘岩而出，为瀑布，沿溪赴壑而归墟于太液之波”。此外，又有仿镇江金山之意，如远帆阁效远帆楼、月牙廊之设等。总布局取主景突出式，主景升高放空，孤峙以突出，使人一见难忘。以南北中轴为主，南整北散，东西轴线为辅。理水“聚则辽阔，散则潆洄”，太液辽阔，水湾潆洄。建筑因山构室，乾隆《塔山四面记》中说，“室之有高下，犹山之有曲折，水之有波澜。故水无波澜不致清，山无曲折不致灵，室无高下不致情。然室不能自为高下，故因山以构室者，其趣恒佳”。“琼岛春阴”既重农，言“春雨贵如油”，又借烟雨渲染山在虚无缥缈中的仙境，假山与建筑共襄“扑朔迷离”的意境，耐人寻味（图148、图149）。阴坡又在中轴线的延南薰亭，道出皇帝志在延续发展《南风歌》君爱民的仁政。舜帝制五弦琴以歌南风：“南风之薰兮，可以解吾民之愠兮。南风之时兮，可以阜吾民之财兮。”因薰风立意而作扇面殿，漏窗、几案亦扇形。亭内可下入山洞中，形俱意完。

149
琼华岛

其他如东岸濠濮间、画舫斋、先蚕坛皆以园中园手法布置。

北岸之快雪堂、万佛楼、小西天和静心斋均为利用地宜加以改造的园中园。静心斋为皇太子读书之书斋，立意“俯流水、韵文琴”（图150～图152）。故选假山园石渠暗引东来之水于西做泉瀑跌入潭中，做龟蛇二石东西相望以成其势（图153）。潭水经跨沁泉廊下滚水坝再跌落长池中，由池暗通东西跨院而归于太液池。景点皆以琴、棋、书、画为名而各持其境。北宫墙高据，隔绝北面商市尘喧，余噪在宫墙与假山壁间回荡消声。布局着重于解决阔于东西、短于南北的特点。故全园有四条长贯东西之路，而严控南北各路。两桥皆短且过水即转向（图154、

150

静心斋平面图

（图片引自北海保护规划）

151

静心斋烫样

（图片引自北海保护规划）

152

静心斋鸟瞰图

（图片引自北海保护规划）

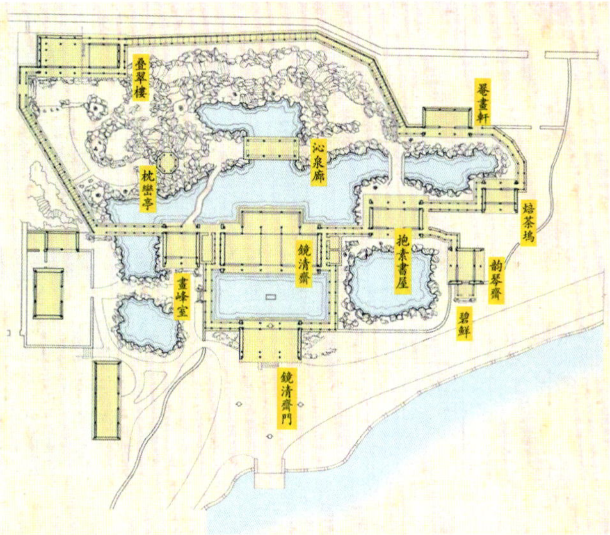

150

151

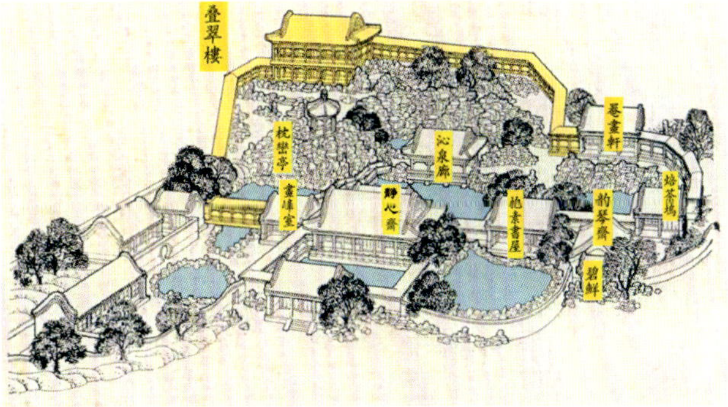

152

153

154

153
静心斋龟蛇相望之龟石
154
静心斋自东西望水景纵深线
155
自枕峦亭东望

图 155）。假山组合单元主要是谷、壑、洞，由壁、花台、石岗相夹、对峙而成（图 156）。又借壁顶做廊可夜赏万家灯火，廊接近“一”字形，主要为延伸南北进深（图 157）。沁泉廊尺度合宜，增加了进深的层次感（图 158）。枕峦亭借下洞上亭抬高视点以借邻景（图 159、图 160）。北海进门牌坊“积翠”“堆云”的额题概括了北海山水园的特色。

155

156

沁泉廊北侧假山
（朱强／摄）

157

静心斋深山必有大壑，山顶建廊，屏障闹市干扰，夜来开窗赏灯

158

沁泉廊及背后的假山、爬山廊
（朱强／摄）

159

160

159

枕峦亭

160

枕峦亭与假山洞组合

（孟凡玉／摄）

疏水之去由
察水之来历

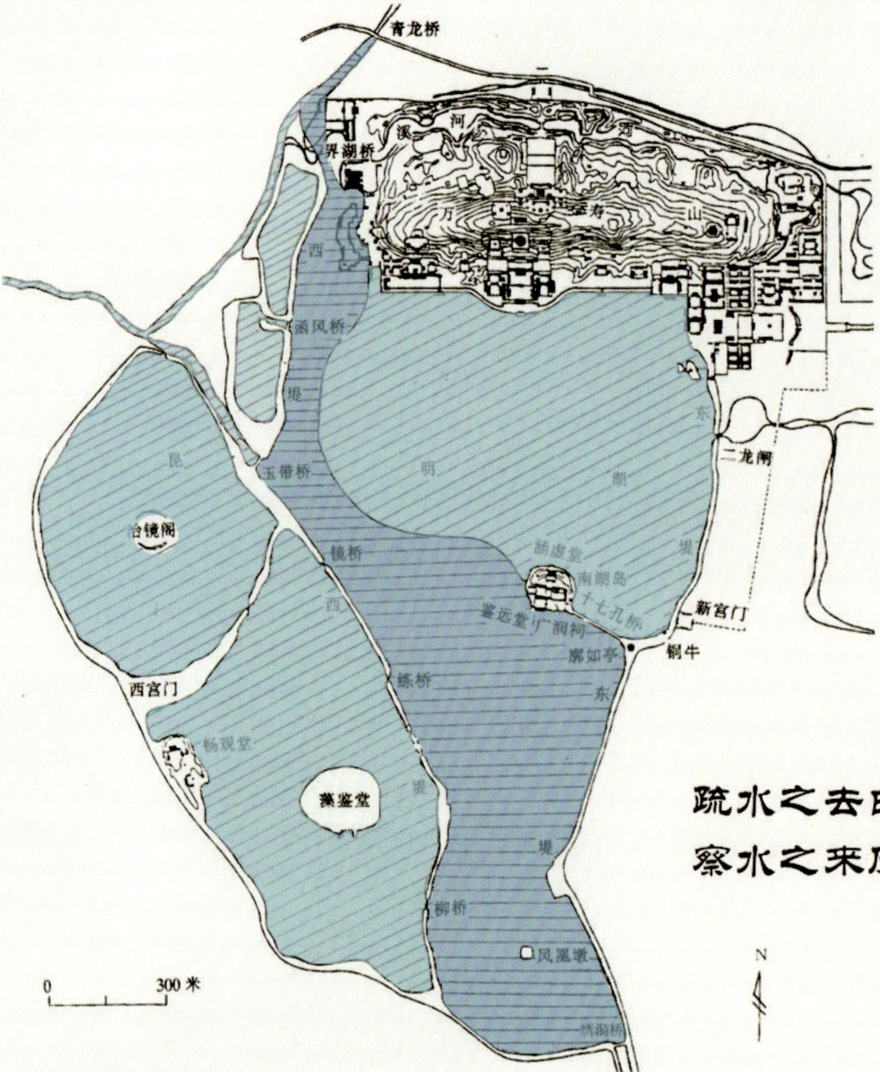

清漪园改造前后的水面变化示意图

3. 颐和园

颐和园为太行山余脉，孤巘独峙，因山中发现石瓮，称为瓮山。山西南积水为瓮山泊。原为金行宫，明改建为“好山园”，但都仅是局部建设，整体还是公共游览地，以东岸龙王庙最吸引游人，成为公众游览休息和游赏的中心。圆明园建成后，乾隆相中此地，于乾隆十五年（1750 年）改建为清漪园，1860 年被英法联军焚毁，光绪十四年（1888 年）慈禧挪用海军军费重建。问名“颐养冲和”，更名为颐和园。清漪园奠定了此处的山水间架，向东扩湖为北京蓄水库，保留东岸龙王庙为前湖中心岛，引玉泉山水，南注长河，北供圆明，仿西湖建西堤六桥。

后溪河位于颐和园后山，其开辟体现了“山因水活，山因水秀”的画理。由北东转，弥补了万寿山乏于南北深远的缺陷，水景亦在阔远的基础上开辟了深远和迷远。据后山地形之变化，在西汇水线——桃花沟扩水面为喇叭形。欲扬先抑，前置关隘将后溪河压缩到两米多宽，再顿置开阔，山洪得以消力。再东为岩基地，开凿宽度有限，又做少量曲尺形变化，作为买卖街。东汇水线山谷泄口在“寅辉”关(图 **161**)，借鉴《园冶》所谓“斜飞堞雉，横跨长虹”做法，山洪出口以顽夯石“参差半壁大痴”，再于对岸水边置小岛，山洪围岛旋转也得以消力(图 **162**)。一收一放后，南以石涧迭泉贯玉琴峡流入谐趣园，北入霁清斋借天然石坡滑水，与谐趣园相辅相成，构成细腻和粗犷的对比(图 **163**～图 **166**)。在后溪河荡舟，常会生发出“山重水复疑无路，柳暗花明又一村”的诗意，两岸植物以松栎混交，植物加以柏柳榆槐，且都是自然种植，西眺玉泉山，使人在“混假于真”的真山假山中难以分辨。

161
“寅辉”城关

颐和园前山以万寿山为主景突出式布局的中心，以建筑层次弥补深远不足，离中心越远，中轴线控制性越淡，逐渐过

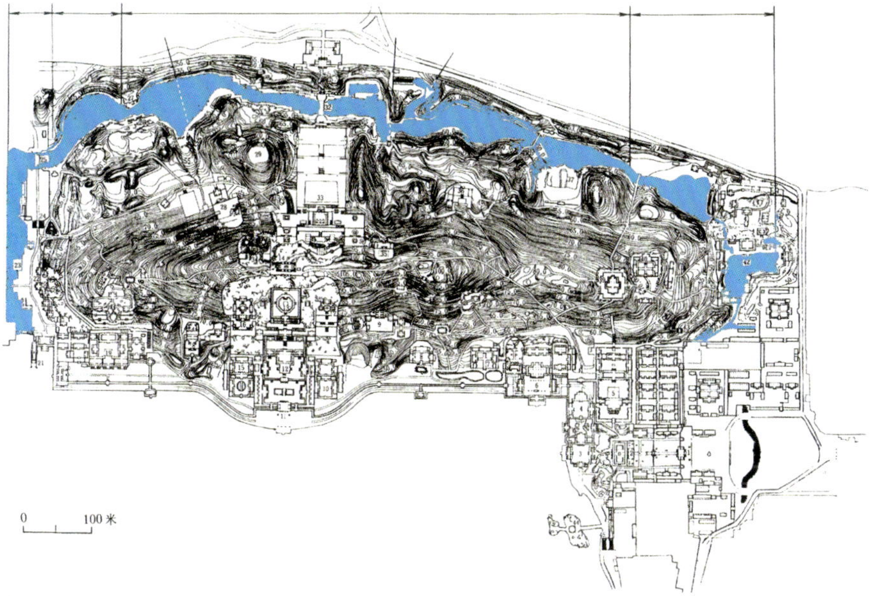

162

163

164

162

颐和园后溪河“起承转合”之变化示意图

163

谐趣园宫门一瞥

164

玉琴峡通湖出口

165
谐趣园小水池石岸
挑伸变化

166

凿石成涧、桥隐闸门、松风萝月、玉琴峡师八音涧而独辟蹊径

167

渡到自然山林。基于“因山构室”和“以山为轴”之理，前山据山坡线、后山据山谷线。因自然的前坡

168

线、后谷线不重合，故前山后山轴线不重合。其中还点缀了清晏舫、知春亭（图 167）、十七孔桥和凤凰墩等景观构筑物。从绣漪桥乘舟入园，穿过气势恢宏的龙王庙、十七孔桥和廓如亭，到“水木自亲”上岸（图 168）。

167
知春亭：东宫门入园处湖东岸，视线既远，视角亦偏，湖岸起岛，岛上安亭，成为远眺万寿山最佳视点

168
“水木自亲”码头，水路入园至此登岸，进入乐寿堂

颐和园的置石、掇山也颇具特色。仁寿殿以寿星石为屏，兼障景及对景（图169）。乐寿堂寝宫则卧青芝岫，石景与园境吻合。仁寿殿西土石山为与耶律楚材墓的分隔，间作承转空间的障景（图170）。章法之“起”从木牌坊至东宫门。牌坊额题“涵虚”“罨秀”高度概括颐和园的立意即“涵虚朗鉴，罨秀强国”，一锤定音、耐人寻味（图171）。夕佳楼为玉澜堂寝宫后院西厢房。西晒固然不好，却辩证地捕捉到朝向的地宜，借陶渊明曾咏“山气日夕佳，飞鸟相与还”之佳句立意。楼东立假山谷口一卷，植参天乔木供鸟为巢，西借昆明湖东北角塘坳聚野鸭之境，从而得到联语“隔叶晚莺藏谷口，唼花雏鸭聚塘坳”，有化不宜为宜之妙（图172、图173）。

169
左：寿星石正面
右：寿星石背面

170

171

172

170

仁寿殿西侧山谷

171

颐和园东宫门外牌楼

172

夕佳楼，面西建筑有西晒之弊，却又有“山气日夕佳，飞鸟相与还”之宜，楼东掇山为谷，乔木浓荫，鸟居其上，恰如楹联所写“隔叶晚莺藏谷口，唼花雏鸭聚塘坳”

173
夕佳楼东侧

掇山之材多为本山之细砂岩，类黄石。佛香阁两旁大假山用以悬挂喇嘛教之布绘大佛像，高大宏伟、浑厚沉实。内为爬山洞，可登山入室。山阴西有云绘寺，伽蓝七堂中轴对称布置，却借掇山嶙峋、磴道曲折而融入自然。前山东部山腰的圆朗斋、观生意、写秋轩掇山做挡土墙（图174），分层置岗开谷，自然错落，剔除了人工垂直挡墙呆板、平滞之弊。写秋轩南面的谷磴道、踏跺错落高下，两旁置石顾盼，极尽自然之能事（图175），充分体现了美学家李泽厚先生从美学方面对中国园林“人的自然化和自然的人化”的概括。

174

观生意、写秋轩、

圆朗斋北山石挡土

墙宛自天开

175
以本山石材掇山石台阶，平正大方，浑厚雄沉，极近自然且与宫苑性质相吻合

罗汉堂
广安寺
殊象寺
普陀宗乘之庙
须弥福寿之庙
狮
子
沟
普宁寺
安远庙
普乐寺
溥仁寺
丽正门
避暑山莊总平面圖
北
比例尺

避暑山庄总平面图

4. 避暑山庄

中国文化有四绝之说，即山水画、烹调、园林和京剧。我国文化精粹虽不仅此，但这四门艺术的感染力却是被实践所证明的。从事园林工作的人总是有感于传统园林艺术的巨大魅力，但长时期却又为找不到相应的理论书籍而作难。明代郑元勋为园林名著《园冶》的题词一开始就说："古人百艺，皆传之于书，独无传造园者何？曰：园有异宜，无成法，不可得而传也。"阚铎在《园冶·识语》中说："盖营造之事，法式并重，掇山有法无式，初非盖阙，掇山埋石，因地制宜，固不可执定镜以求西子也。"实际上，成功的造园实践必有科学的理论为指导，而且还必须具备巧妙的方法、手法才能创作出"景"的形象，亦即具体的"式"。清《苦瓜和尚画语录》开篇就阐述：

“太古无法，太朴不散。太朴一散而法立矣。法于何立，立于一画。一画者众有之本，万象之根。见用于神，藏用于人，而世人不知所以，一画之法乃自我立。立一画之法者，盖以无法生有法、以有法贯众法也。夫画者从于心者也，山川人物之秀错、鸟兽草木之性情、池榭楼台之矩度。未能深入其理，曲尽其态，终未得一画之洪规也。”我们要深悟园林之洪规，随时代之演进，不研讨园林艺术创作的理法是难以掌握要领的。因此，中国园林艺术创作必有其理、法、式可循。在此，“理”为反映事物的特殊规律的基本理论；“法”为带规范性的意匠或手法；“式”为具体的式样或格式。所谓“园林有异宜，无成法，不可得而传”，虽有些道理，但《园冶》之问世已说明“可得而传”。而掇山之“有法无式”实为“有成法，无定式”。明文震亨著《长物志》、清李渔著《闲情偶寄》等都涉及园林理法，现实的问题在于如何联系园林艺术实践来进一步理解这些传统的理论，使之系统化、科学化，以求在继承的基础上发展和创新。

承德的避暑山庄是博得中外园林专家和游人一致赞赏的古典园林。作为现存的帝王宫苑，它不仅规模最大，而且独具一格。其林泉野致使人流连忘返、回味无穷。经过30多年的修缮和重建，湖区大部分景点已恢复起来。山区被毁的景点，由于有遗址和资料可循，亦不难复原。山庄创作之成功必然也包含着许多园林艺术的至理和手法。探索和分析这些理法，不仅有助于“振兴避暑山庄”之大业，而且对其他园林的建设，乃至风景区的建设都会有可借鉴之处，使避暑山庄之园林艺术有理可据，有法可循，有式可参。以此巩固学习所得，并求教于众。

一、继承传统，发展国能

我国向有“书画同源”之说，作为蕴含诗情画意的中国园林，自然也是一脉相承。园林虽有私家园林、帝王宫苑、园林寺庙等类型之分，但各类园林都有一种“中国味儿”。我国园林艺术的民族风格自三代之“囿”产生以来，加以在魏晋南北朝山水、田园诗和山水画相继产生乃至道家学说流行等综合影响的推动下，逐步形成了“写情自然山水园”的统一风格。这是在特定的历史条件下客观形成的。漫长的中国封建社会虽经朝代更替，但不论是汉族或其他少数民族，各族的封建统治者都极力遵循统一的中华民族园林风格并加以丰富和发展。金灭宋，而所建琼华岛（今北京北海）有仿北宋汴京（今河南开封）艮岳意。清朝推翻明朝却依然崇尚民族传统的宫苑建制。直到现在，这条民族文化艺术长河还自推波向前，并将川流不息。

中国园林艺术这种“精神气儿”不仅可以感受，也可言传大意，微妙之处则由各人意会，给欣赏者以发挥遐想的余地。首先，中国园林所追求的艺术境界和总的准则是“虽由人作，宛自天开”。这是搞园林的人熟知的一句话，也是中国园林接受中国文学艺术和绘画艺术普遍规律的影响所反映的特殊属性。那么，如何正确处理“人作”和“天开”的辩证关系呢？事实上，并不是越自然越好，甚至走向纯任自然的歧途，而是要以人工干预自然，主宰自然。除了安置方便人们游憩的生活设施外，更重要的是赋予景物以人的理想和情感，以情驭景，使之具有情景交融、感人至深的艺术效果。人的美感总是归结在情感上。任何单纯的景物，再好也不过是景物本身。而寓情于景以后，景物就不再仅仅是景物本身，而是倾注了理想人品的人化风景艺术了。我们的祖先以此欣赏风景名胜的自然美，同样也用以创作园林，把自然美加工成为艺术美。日本大村西崖《东洋美术史》谓流传到日本的《园冶》有“刘照刻‘夺天工’三字”。人力何以夺天工呢？就是人化的自然风景比朴素的自然风景更为理想。中国园林“以景写情”正是中国绘画“以形写神”的画理用于园林的反映；“有真为假，做假成真”的造园理论亦即画理所谓“贵在似与不似之间”的同义语了。

因此，中国园林具有对外净化、美化环境和对内美化心灵的双重功能，擅于用活生生的景物比兴手法激发游人的游兴。

中国园林不仅有高度的艺术境界，而且在长期实践中形成了一套园林艺术创作的序列。总是先有建园的目的或宗旨，再通过“相地立意”把建园的宗旨变为再具体一些的构思或塑造意图，草拟“景题”和抒发景题的“意境”。以上环节基本上是属于精神范畴的。有了这种精神的依据便通过“意匠”，即造园手法和手段，树立景物形象，使园林创作从精神化为物质，从抽象到具体，这个创作上的飞跃是很难的。往往是有了具体的“景象”以后，再在原草拟景题和意境的基础上即兴题景和题咏，并作为额题、景联或摩崖石刻等。游人既至，见景生情。如果创作成功的话，游人和作者之间便通过景物产生心灵上的共鸣，引起游人在情感上的美感，从而形成“景趣”。游人亦可借景自由地抒发各自的心情，寻求不尽的“弦外之音”，不断丰富和发展园景的内容和景象，从不够完美到尽可能的完美。名园得名必须是广泛认可的，否则难以永存。

避暑山庄的主人深谙我国园林传统，而且在继承传统的同时着眼于创造山庄艺术特色，在创新和发展传统方面做出了贡献，这完全符合当时的时代要求。山庄的特色何在呢？若说规模宏大，山庄并不比圆明三园大多少，论模拟江南园林风光，颐和园、圆明园何尝不是北国江南？这些并不是山庄独一无二的特色。山庄的特色在于“朴野”，就是那股城市里最难享受到的山野远村的情调和漠北山寨的乡土气息，包括山、水、石、林、泉和野生动物在内的综合自然生态环境。目前，在山庄的山区里还保存着一座石碑，上面刻有乾隆所书《山中》诗一首：

山中秋信来得真，树张清阴风爽神。
鸟似有情依客语，鹿知无害向人亲。
随缘遇处皆成趣，触绪拈时总绝尘。
自谓胜他唐宋者，六家咏未入诗醇。

“鸟依客语”“鹿向人亲”写出了山庄野趣，说明园主以山庄之野色自豪，但也是有所本地创造。唐宋以降，清避暑山庄之兴建可谓达到古典园林最后一个高峰。

这所宫苑，始建于康熙四十二年（1703 年），直到康熙四十七年（1708 年）初具规模后才定名为“避暑山庄”，并由康熙亲书额题。这样名副其实以山为宫、以庄为苑的设想和做法并不多见。作为帝王宫苑，圆明园不愧为“园中有园”的巨作，但就其园林地形塑造而言，无非是在平地上挖湖堆山，把原有“丹棱沜”改造成为有山有水的园林空间，终究难得山水之“真意”。颐和园虽有真山的基础，但由于瓮山（今万寿山）山形平滞，走向单调，具“高远”和“平远”而缺少“深远”，这才在前山运用布置金碧辉煌的园林建筑来增加层次和深远感；在后山开后溪河以发挥东西纵长的深远。唯独避暑山庄具有得天独厚的自然环境，可以说是于风景名胜中装点园林，主持工程的人又充分利用了地宜，确定了鉴奢尚朴、宁拙舍巧，以人为之美入天然，以清幽之趣药浓丽的原则和淡泊、素雅、朴茂、野奇的格调，更加突出了山庄风景的特色。远到300多年后的今天，历经几次浩劫以后，仍给人以入山听鸟喧、临水赏鹿饮的野景享受，可以想见当年生态平衡未遭到破坏时园中野致之一斑。

避暑山庄遵循哪些园林艺术理法才获得继承传统和创造特色的成就呢？以下试做一些不揣浅陋的分析。

二、有的建庄，托景言志

我们大多认为“山庄学”是综合的学问，这反映当初康熙是本着综合的目的兴建山庄的。无论从当时的历史背景或山庄活动的内容和设施来看，山庄确有“怀柔、肄武、会嘉宾”等方面的政治目的，一举而兼得“柔远”与“宁迩”。与此相联系的，山庄的地理位置又有“北压蒙古、右引回部、左通辽沈、南制天下”的军事意义。就其中活动而言，除了日常理政和接见、赏赐和赏宴外，还有祭祀、狩猎、观射、阅马戏、观剧和游憩等。问题是在众多的综合目的中，以何为主？有的学者认为肄武练兵、保卫边防是兴造山庄的主要目的，强调造山庄最重要的原因还在于更高的政治方面的考虑，其次才是避暑和游览。也有认为中国一般的古典园林为的是赏心悦目，但山庄却不然。诚然，在阶级社会中，任何统治阶级所从事的一切活动都必须强调为本阶级的政治服务，但作为一所宫苑，它在主要功能方面较之紫禁城那样单纯的皇宫总是有区别的。康熙经过始建后 5 年的酝酿才定名为“避暑山庄”，可以准确而形象地概括园主兴建山庄的主要目的，即合宫、苑为一体，追求山间野筑那种“想得山庄长夏里，石床眠看度墙云”（明代祝允明《寄谢雍》诗）的诗意和似庶如仙的生活情趣。这说明“宫”是理政的，“苑”也是为政治服务的，与其分割为两种功能，不如视为对立统一的双重功能。这正是山庄不同于故宫的关键，须知封建帝王也有难言之隐。

帝王追求野致的精神享受，一方面反映人类渴望自然的普遍性，另一方面也突出地反映了帝王向往野致的迫切性。原始社会的人生活在大自然的原野中，就好比“身在福中不知福”。随着生产力的发展，人类逐渐从野到文，脱离自然环境建设起村镇和城市。人们改善物质生活条件的同时就开始失掉了自然环境，这才促进了风景名胜和园林的产生。随着城市工业化的发展，生活环境遭到严重的污染，环境保护和发展旅游事业就进一步提上日程。人们乐于郊游或远游原野。这便是人类“从野到文，从文返野”的螺旋上升的发展过程。清代李渔在《闲情偶寄》中也论证过这个道理：“幽斋磊石，原非得已。不能致身岩下，与木石居，故以一卷代山，一勺代水，所谓无聊之极思也。”意即以山水为人们精神的依托。帝王就这一点来看，还不如一般庶民自在。禁宫如若樊笼，因此他们更迫切地要求享受到自然的野趣。三代帝王以囿游为主，人工筑台掘沼，显然是自然景物比重大于人工。秦汉宫殿虽也有山水景色，却转而着重在建筑的人工美方面发展。唐宋以降，则盛行宫苑，或宫中有苑，或苑中有宫，着眼于自然与人工的结合。唐懿宗便“于苑中取石造山，并取终南草木植之，山禽野兽纵其往来，复造屋如庶民”。又如隋唐之西苑（今洛阳西郊）和北宋汴京之寿山艮岳等，皆融人工美于自然。唐宋以后，以突出自然美为主的园林逐代相传。清则多采用宫苑合一制。清代统治者来自关外，入京后不耐北京暑天之炎热，从顺治八年（1651年）

开始，摄政王多尔衮就准备在喀喇河屯（承德市郊滦河公社）兴建避暑城，但未到建成他就死于此。清朝皇族亦有到塞外消暑的活动。康熙年轻时就喜欢去塞外游猎和休息，从北京到围场先后营建了约20处行宫，终于确定在山庄大兴土木。康熙在《御制避暑山庄记》中宣称："一游一豫，罔非稼穑之休戚；或旰或宵，不忘经史之危微。劝耕南亩，望丰稔筐筥之盈；茂止西成，乐时若雨旸之庆。此避暑山庄之概也。"这位创山庄之业的康熙还在《芝径云堤》诗中说："边垣利刃岂可恃，荒淫无道有青史。知警知戒勉在兹，方能示众抚遐迩。虽无峻宇有云楼，登临不解几重愁。连岩绝涧四时景，怜我晚年宵旰忧。若使扶养留精力，同心治理再精求。气和重农紫宸志，烽火不烟亿万秋。"他还在《御制避暑山庄记》最后强调："至于玩芝兰则爱德行，睹松竹则思贞操，临清流则贵廉洁，览蔓草则贱贪秽，此亦古人因物而比兴，不可不知。人君之奉，取之于民，不爱者，即惑也。故书之于记，朝夕不改，敬诚在兹也。"继山庄之业的乾隆到老年时又作《御制避暑山庄后序》，诫已诫后："若夫崇山峻岭、水态林姿、鹤鹿之游、鸢鱼之乐，加之岩斋溪阁、芳草古木，物有天然之趣，人忘尘世之怀。较之汉唐离宫别苑，有过之无不及也。若耽此而忘一切，则予之所为膻芗山庄者，是设陷阱，而予为得罪祖宗之人矣。"以上摘引说明了执政和避暑豫游之间的关系。把“扶养精力”和谋求江山亿万秋紧密地联系在一起，主张以游利政而唯恐玩景丧国。因此，政治和游憩可以在对立统一中变化，玩物可丧志，托物可言志，事在人为，不一而论，避暑山庄的兴造目的是在可以避暑、游览和生活的园林环境中“避喧听政”。山庄不仅是宫殿和古建筑，而且是一所避暑的皇家园林，其主要成就在于创造了山水建筑浑然一体的园林艺术。康熙咏《无暑清凉》诗中所说“谷神不守还崇政，暂养回心山水庄”，应视为园主内心的真情话。

作为一所古典园林，山庄也是为了“赏心悦目”的，其不同于一般私家园林的是赏帝王之心，悦皇家之目。同样讲究因物比兴，托物言志，但所言之志为一统天下的“紫宸志”。康熙和乾隆在寄志于景、以园言志方面是花了不少心思经营的。不论园名、景名都有“问名心晓”之效，这也是地道的传统。帝王不同于下野还乡养老的官宦，更不同于怀才不遇的落魄文人，而是至高无上、雄心勃勃、标榜以仁。皇帝的经济地位决定了他的志向和感情。山庄的一般释义是山中的住所或别墅，如湖南衡山有“南岳山庄”，但是皇家用山庄之名却可以山喻君王，这是基于孔子《论语·雍也》有“知者乐水，仁者乐山。知者动，仁者静。知者乐，仁者寿”之说，大意是：聪明的人爱好水，仁爱的人喜爱山。聪明的人活跃，仁爱的人沉静。聪明的人快乐，仁爱的人长寿。儒家在 2000 多年前就把人品和自然山水联系在一起了，仁者比德于山。封建时代臣向君祝愿也以“山呼”相颂。按《大唐封祀坛颂》的描述：“五色云起，拂马以随人。万岁山呼，从天至地。”因此“仁寿”“万寿”都习为帝王专用的颂词。自北宋以来，宫苑中之山几乎都以万寿山为名。不仅颐和园的山称万寿山，北京北海的塔山和景山也称为万寿山。避暑山庄之景，或显或隐，大多有这方面的寓意，像如意洲上的“延薰山馆”。“延薰”除了一般理解为延薰风清暑外，更深一层的寓意就是“延仁风”。这与颐和园的“扬仁风”、北海的“延南薰”都是同义语。《礼记·乐记》载：“昔者舜作五弦之琴，以歌南风。”歌词是：“南风之薰兮，可以解吾民之愠兮。南风之时兮，可以阜吾民之财兮。”迄后便成为仁君、仁风相传了。

古代的“封禅”活动也是借山岳行祭祀礼的。我国的“五岳”都和封禅活动息息相关，从有记载的史实看，自秦始皇朝东岳泰山后，72 代帝王都因循此礼。这实际上是宣扬“君权天授”的思想，康熙常在避暑山庄金山岛祭天，每年于金山“上帝阁”举行祭祀真武大帝的活动，表示自己是上帝的子孙，并祈求上帝保佑风调雨顺，国泰民安，以这种活动巩固封建统治。因此这个岛上的另一建筑取名“天宇咸畅”，并列入康熙三十六景，意即天上人间都和畅。从另一方面看，帝王也唯恐这种享受遭人非议，甚至玩物丧志，故以“勤政”名殿。很有意思的是，《御制避暑山庄记》中还有一方印章叫作“万几余暇”，这是帝王心理和制造舆论的流露。至于反映在总体布局和园林各景处理方面，托景言志，将志向假托于景物中，借景物抒发志向，以景寓政的反映，就更多了。

三、相地求精，意在手先

（一）相地

山庄之设，在“相地”“立意”方面是有所创造和发挥的。“相”是通过观察来测定事物的活动。建园意图既定，就要落实园址。“相地”这个造园术语包含两层内容：一是选址；二是因地制宜地构思、立意。我国园林哲师计成在《园冶》中对此做了精辟的、总结性的论述，他提出“相地合宜，构园得体”的理论，把相地看作园林成败的先决条件，还列举了各类型用地选择的要点。概括性强的理论难免在具体的方面有所不足，康熙却在吸取传统理论的基础上做了具体的补充。

康熙选址的着眼点是多方面的，但主要的两个标准是环境卫生、清凉和风景自然优美。相传山庄这块地面原为辽代离宫，清初蒙古献出了这块宝地。如前所述，康熙从年轻时就和塞外这一带风光有接触。他曾说："朕少时始患头晕，渐觉清瘦，至秋，塞外行围。蒙古地方，水土甚佳，精神日健。"康熙十六年（1677年），他首次北巡到喀喇河屯附近。康熙四十年（1701年）冬，他来到武烈河畔，领赏磬锤峰的奇观，为拟建的行宫进行实地勘察。又二年，他在已建的喀喇河屯行宫举办五十大寿的庆祝活动，并在穹览寺这座祝寿的所在立了这样的碑文："朕避暑出塞，因土肥水甘，泉清峰秀，故驻跸于此，未尝不饮食倍加，精神爽健。"经过比较，最后才以建热河行宫作为众行宫之中枢。康熙为选避暑行宫，足迹几乎踏遍半个中国，他说："朕数巡江干，深知南方之秀丽；两幸秦陇，益明西土之殚陈；北过龙沙，东游长白，山川之壮，人物之朴，亦不能尽述，皆吾之所不取。"他相地选址是先选"面"，再从"面"中选出最理想的"点"。当然只有皇帝才有这种条件，但也说明他本人卓有相地之见识。

他相地的方法是反复实地踏查，考察碑碣，访问村老，从感性向理性推进。他在《芝径云堤》诗中说："万几少暇出丹阙，乐水乐山好难歇。避暑漠北土脉肥，访问村老寻石碣。众云蒙古牧马场，并乏人家无枯骨，草木茂，绝蚊蝎，泉水佳，人少疾。”又说：“热河地既高朗，气亦清朗，无蒙雾霾风。”这勾画出山庄当初一派生态平衡的环境卫生条件。据记载，当时山雨后，但闻潺潺径流声，地表不见水，也不泥鞋，整个山地都被一层很厚的腐叶层覆盖。山庄始建后第八年，热河地区人口增到十余万。由于毁林垦田的举动，森林植被遭到破坏，水土保持已不复当初，山庄外围环障质量便有所下降了。山庄不仅有丰富的水源可保证生活和造景用水之需，而且水质上好。乾隆对我国南北名泉进行过比重分析，以单位体积内重量轻者为贵。他说：“水以轻为贵，尝制银斗较之。玉泉（北京玉泉山趵突泉）水重一两。惟塞上伊逊水尚可相埒。济南珍珠、扬子中泠（镇江）皆较重二三厘；惠山（无锡）、虎跑（杭州）、平山堂（扬州）更重。轻于玉泉者惟雪水及荷露云。”雪水指木兰围场的雪水，荷露是避暑山庄荷叶上的露水，这当然是皇帝的奢求，但山庄泉水佳是公认的。“风泉清听”之泉水亦有“注瓶云母滑，漱齿茯苓香”之赞语。另外，“山塞万种树，就里老松佳”，就明了松林多而长势茂盛，松脂所散发的芳香确有杀菌之效。

如果单纯是环境卫生也不足可取，山庄更具有天生的形胜，其自然风景优美之素质又恰合于帝王之心理和意识形态的追求。揆叙等人在《恭注御制避暑山庄三十六景诗跋》中对踏查热河的原委有所说明："自京师东北行，群峰回合，清流萦绕。至热河而形势融结，蔚然深秀。古称西北山川多雄奇，东南多幽曲，兹地实兼美焉。"山庄这种地理形势现在即使乘火车前往也可以窥见一二，山庄要达到"合内外之心，成巩固之业"的政治目的，要符合"普天之下，莫非王土""四方朝揖，众象所归""括天下之美，藏古今之胜"的心理，而"形势融结"这点是最称上心的。从整个地形地势看，山庄居群山环抱之中，偎武烈河穿流之湄，是一块山区"丫"形河谷中崛起的一片山林地。《尔雅·释山》谓："大山宫，小山霍。""宫"即围绕、包含之意；小山在中，大山在外围绕者叫霍。《礼记》说："君为庐官是也。"山庄兼有"宫""霍"及中峰之形胜。北有金山层峦叠嶂作为天然屏障（明北京城造万岁山，即今景山，为皇城屏障），东有磬锤诸山毗邻相望，南可远舒僧冠诸峰交错南去，西有广仁岭耸峙。武烈河自东北折而南流，狮子沟在北缘横贯，二者贯穿东、北，从而使这块山林地有"独立端严"之感。众山周环又呈奔趋之势朝向崛起的山地，有如众山辅弼拱揖于君王左右，并为日后布置外八庙，使与山庄有"众星拱月"之势创造了极优越的条件。大小峰岗朝揖于前，包含着"顺君"的意思（图 176、图 177）。

176

177

176
天桥山
177
太阳洞

形势融结的山水也是构成山庄有避暑小气候条件的主要原因。承德较北京稍北，夏季气温确有明显差别。物候期大致比北京晚一个多月。坐火车北上，一过古北口，窗风显著转为清凉。说承德无暑是夸大，但山庄的气温确实夏天热得晚，秋凉来得早，盛夏时每天都热得很晚，而傍晚转凉较早。如果傍晚从承德市区进丽正门，一下“万壑松风”就会明显感到爽意。因为山庄北面、东面向南的河谷实际上是天然通风干道。西部山区几条山谷都自西北而东南，朝向湖区和平原区，这些顺风向的山谷不仅谷内凉爽，而且山谷风可把山林清凉新鲜的空气输送到湖区，驱使近地面的热空气上升排走，又如同通风的支线，加以湖区水面的降温作用和山林植被的降温作用，所以有消暑的实效。1982年5月我们选择了地面条件相近的点测量了气温和相对湿度，下列二表分别为

1982年5月20日15时及1982年5月24日20时所测记录：

地点	温湿度		1982年5月20日15时
秀起堂	气温	干球	32.6℃
		湿球	17.1℃
	相对湿度		37%
万壑松风	气温	干球	32.5℃
		湿球	17.1℃
	相对湿度		37%
市区（火神庙）	气温	干球	33.6℃
		湿球	18℃
	相对湿度		37%

地点	温湿度		1982年5月24日20时
松云峡东谷口（旷观）	气温	干球	22.4℃
		湿球	17.2℃
	相对湿度		65%
万壑松风	气温	干球	25.5℃
		湿球	18.4℃
	相对湿度		58%
市区（火神庙）	气温	干球	28.9℃
		湿球	19.1℃
	相对湿度		48%

我们测的时间虽不是盛夏，但可看出大致在每天气温最高这段时间各点的差别不显著，而当傍晚时山庄内气温显著下降，尤以松云峡为最，负责测市区（火神庙）的学生说测时尚有微汗，而我们在“旷观”附近测绘时却是凉风习习，爽身忘返，难怪有“避暑沟”之称。两处相对湿度也有显著差别。

选山林地造避暑宫苑也有利于反映帝王统治天下的心理。《园冶》谓：“园地惟山林最胜。有高有凹，有曲有深。有峻而悬，有平而坦，自成天然之趣，不烦人事之工。”山庄这块地正具有在有限面积中集中地囊括了多种地形和地貌的优点。如何满足“莫非王土”的占有欲和统治欲呢？圆明园根据在平地挖湖堆山的条件，以“九州”寓意中国的版图。避暑山庄则有条件以高山、草原、河流、湖泊的地形地貌反映中国的大好河山。总的地势西北高、东南低，巍巍高山雄踞于西，具有蒙古牧原的“试马埭”守北，具有江南秀色的湖区安排在东南，恰如中国版图的缩影。中国风景无数，这里却兼得北方的雄奇和江南秀丽之美，还有外围环拱的山坡地可做发展的余地。这又为括天下之美、藏古今之胜提供了很理想的坯模条件。既有武烈河绕于东，又可引河贯庄。加以山泉、热河泉的条件，山水之胜致使茂树参天，招来百鸟声喧，群麋皆侣，鸢飞鱼跃，鹰翔鹤舞，构成好一幅天然图画。

在地形丰富的基础上又有奇峰异石作为因借的佳景。纳入北魏郦道元《水经注》的“石挺”（即磬锤山）孤峙无依，仿佛举笏来朝。无独有偶，磬锤山南又有蛤蟆石陪衬，成为“棒喝蛤蟆跑”的奇观，还有用热河温汤濯足的罗汉山，“垂臂于膝，大腹便便”。僧冠山则以其递层跌宕的挺拔轮廓构成南望的借景。在山庄据山环视，有这么丰富的借景，实为“自天地生成，归造化品汇”不可多得的风景资源。

带着建避暑行宫的预想，再纵观这片神皋奥区，初步的规划设想也就油然而生了。北面和东面，自有沟、河为界。宫殿可设于南端平岗上，既取坐北朝南之向，又可据岗临下。大面积山林和平原则是巨幅添绘好图画的长卷。康、乾数巡江南的见识便大有施展之地了。

应该指出帝王所追求的“野”致也不是荒野无度的，比山庄更野的地方有的是。难得的是“道近神京，往还无过两日”的交通条件和易于设防的保卫条件。这些都是不可忽略的选址条件。

（二）立意

相地和立意是互有渗透的两个环节。立意所指的是立总的意图，相当于今天我们所谓规划设计思想和原则。山庄用以体现建庄目的、指导兴建构思的原则包括以下几方面：

1. 静观万物，俯察庶类

这显然是指最高统治者的思想境界和心情，标榜帝王扇被恩风，重农爱民，并且反映在山庄许多风景的意境中。如山庄西南山区鹫云寺侧有“静含太古山房”，含“山乃太古留，心在羲皇上”之意，所谓“静含太古”即表示要学习三代以前的有道明君。又如东宫的“卷阿胜境”就是在这种思想指导下形成的。“卷”是曲，“阿”是指山坳。卷阿原在陕西岐山县岐山之麓，其自然条件为“有卷者阿，飘风自来”(《诗·大雅·卷阿》)，即曲“折”的山坳有清风徐来，其寓意为选贤任能，君臣和谐。周时召公和成王游于卷阿之上，召公因成王之歌即兴作《卷阿》之诗以诫成王，大意是要成王求贤用士。“卷阿胜境”追溯了几千年君臣唱和，宣传忠君爱民的思想。又如位于山区松林峪西端的“食蔗居”中有一个临山涧的建筑叫“小许庵”，说的是尧帝访贤的典故。许由为上古高士，据义履方，隐于沛泽。尧帝走访并欲让位给许由，许由不受，并且遁耕于箕山之下，颍水之阳。尧又欲召他为九州长。许由不愿听，并在颍水边洗耳以示高洁。更有许由挚友巢父牵牛饮水经过，了解情由后把牛牵走，表示牛不愿喝这样的脏水。许由死后葬于箕山，尧封其墓号为“箕山公神”。至于“重农”“爱民”等“俯察庶类”的思想就不胜枚举了。从这点看，皇家园林也是封建帝王的宣传手段。其实山庄内外，君民生活天渊之别，所以民间有“皇家之庄真避暑，百姓都在热河也！”的民谚。

2. 崇朴鉴奢，以素药艳

崇朴一方面是宁拙舍巧“洽群黎”，从而缓和帝王和黎民间的矛盾；另一方面也出于因地宜兴造园林。后者是保护山庄自然景色和创造山庄艺术特色的高招。所谓“物尽天然之趣，不烦人事之工”，并不单纯是出于节约，更着眼于创造山情野致。在这种设计思想指导下才能产生“随山依水揉幅奇”、“依松为斋”、“引水在亭”、“借芳甸而为助”和建筑“无刻桷丹楹之费”的做法。目前在“芳园居”西北山麓尚保存了一组山石，其主峰上有“奢鉴”的石刻。崇尚朴素野致是否就意味着简陋或不美呢？完全相反,“因简易从”的做法完全有可能达到“尤特致意”的境界。“宁拙”非真拙,而是要求做到“拙即是巧”。中国的书画、篆刻向有以古拙、淡雅、素净、简练取胜的传统，山庄的设计也有此意，即是以清幽、朴素取胜。山庄建筑无雍容华贵之态，却颇具有松寮野筑之情。山庄中茅亭石驳，苇菱丛生的“采菱渡”比之桅灯高悬、石栏砌阶的御码头不是更具生意吗？那种乡津野渡，甚至坐在木盆中荡游采菱的意味包含着多浓厚的乡情（图178）！在这种思想指导下，山区有不少大石桥不用雕栏，旧时湖区的桥多是带树皮的木板平桥，加上水位以下驳岸，水面上以水草护坡的自然水岸处理，那才是山庄的本色。乾隆所谓“峻宇昔垂戒，山庄今可称”，说明园主有意识地创造朴素雅致的山居。

3．博采名景，集锦一园

中国万水千山，天下名景无数，欲囊括天下之美，谈何容易。康、乾二帝不仅有此奢望，也有数下江南和游览各地所积

178
采菱渡

累的观感。但人间“有意栽花花不发”的事是常有的。圆明园是博采名景的，也取得了巨大成就。但就其所采仿之西湖十景而言，由于缺乏真山，有些失之牵强，更由于业已荡然无存而无从细考。山庄所采名景的数量虽不及圆明园多，但无论湖区或山区都有很肖神的几组风景点控制局面，还有不少属于隐射的囊括。山庄不仅是塞外的江南，也是漠北的东岳。取山仿泰山，理水写江南，借芳甸做蒙古风光，可以说抓住了中国几种典型的风景性格。如果没有真山的条件，就很难建广元宫以象征泰山顶上的碧霞元君庙。再者，多样的采景都必须纳入统一的总体布局。仿江南并不是，也不可能是真正的江南，而是“塞外之中有江南，江南之中有塞外”，熔各景为炉火纯青之一园。这才能保证格调的统一，这才有独特的艺术性格。诚如白石老人的一句名言：“学我者生，似我者死。”不结合本身的特长，一味死仿名家或名作是不会有艺术前途的。

4. 外旷内幽，求寂避喧

避暑，就要求气候清凉宜人，但园林风景性格又如何符合避暑的要求呢？中国向有“心静自然凉”的说法。风景性格就必须舍浓艳取淡泊、避喧哗取寂静，以适应“避喧听政”的要求。“山庄频避暑”必然要求“静默少喧哗”。试看山庄的活动，狩猎、观射、观马技等活动都在秋季或夏秋之交举行。无论湖区或山区风景都以静赏为主，诸如“月色江声”“梨花伴月”“冷香亭”“烟雨楼”“静好堂”“永恬居”“素尚斋”之类，无不给人以宁静的感受，都是追求山居雅致的反映。

风景性格又可概括为旷远和幽婉。帝王为显示宫廷气魄必仰仗旷远而取得雄伟壮观的观赏效果，欲求苑之景色莫穷又必须以幽婉给人婉约之情。山庄之湖区和平原区为旷远景色奠定了基础，而占园地五分之四的山区又以其深奥狭曲的条件创造了布置幽深景色的优越条件。这种有明有暗的造景意识也是和山水画的传统息息相关的。

四、构园得体，章法不谬

《园冶》所谓“构园得体”实际上指园林的结构和布局要结合地异，使之得体。清代文人张潮说：“文章是案头之山水，山水是地上之文章。”诗文和绘画都讲究以气魄胜人，其中要诀便在“以其先有成局而后饰词华”，反对以文作文，逐段滋生。园林无不皆然。布局和结构可以说是以具体形象体现设计意图的首要环节。布局虽然是粗线条的，不是细致入微的，但都具有纲领和规定性的意义。古代园林哲匠，往往严于布局。他们花很多时间考虑结构，一旦间架结构成熟，便可信手指挥施工。除了“地盘图”（相当于平面图）外，还要做沙盘（包括有建筑烫样的模型）供上面审批，大致和今日的规划阶段相仿。园林和文学一样具有“起、承、转、合”的章法，又具有结合园林特性的具体内容。要做到章法不谬，必须统筹造山、理水、安屋、开径和覆被树木花草、养殖观赏动物。

（一）先立山水间架

山水地形是园林的间架，自然山水园的构景主体是山水，这是园林区别于单纯的建筑群和庭园布置的关键。山水必须结合才能相映成趣。所谓“地得水而柔，水得地而流”，“水令人远，石令人古”，“胸中有山方能画水，意中有水方许作山”等画理都说明了山水不可分割的关系。就山庄而言，占地五分之四的山地自然是主体。自然要以山为主，以水为辅，以建筑为点景，以树木为掩映。这也是宋代李成《山水诀》所谓“先立宾主之位，次定远近之形。然后穿凿景物，摆布高低”的布局程序。山庄已原有真山形势，姑且先谈理水，再议造山。

1. 理水

理水的首要问题是沟通水系，也就是“疏源之去由，察水之来历”。其中最忌水出无源和一潭死水，这是保持水体卫生的先决条件。康熙曾很得意地说：“问渠哪得清如许？为有源头活水来。”他引用朱子的诗句，说明他深领理水的传统做法。山庄水源有三方面，一是武烈河水，并按“水不择流”之法，汇入狮子沟西来之间隙河水和裴家河水；二是热河泉；三是山庄山泉，即诸如“涌翠岩”“澄泉绕石”“远近泉声”“风泉清听”“观瀑亭”“瀑源亭”以及“文津阁”东之水泉和地面径流。康熙开拓湖区以前，里外的水道在拟建山庄范围内仅仅是顺自然坡度由北向南流的沼泽地。里面热河泉和集山区之水造成“丫”形交合，外面是武烈河。二者又自然呈“V”形汇合。山庄据山傍水，泉源丰富，再加以人工改造，就为之改观了。从避暑山庄乾隆时期水系略图（图 179）可看出，那时已由于武烈河自东而南递降，所以将进水口定在山庄东北隅，以较高的水位输入，顺水势引武烈河向西南流，经过水闸控制才入宫墙。入水口前段还布置了环形水道，需时放水，不需时水循另道照常运行。我们可以从道光年间《承德府治图》和现存山庄清无名氏绘《避暑山庄与外八庙全图》看到二者共同描写之概况。作为园林水景工程，和一般水利工程相比，除了必须满足

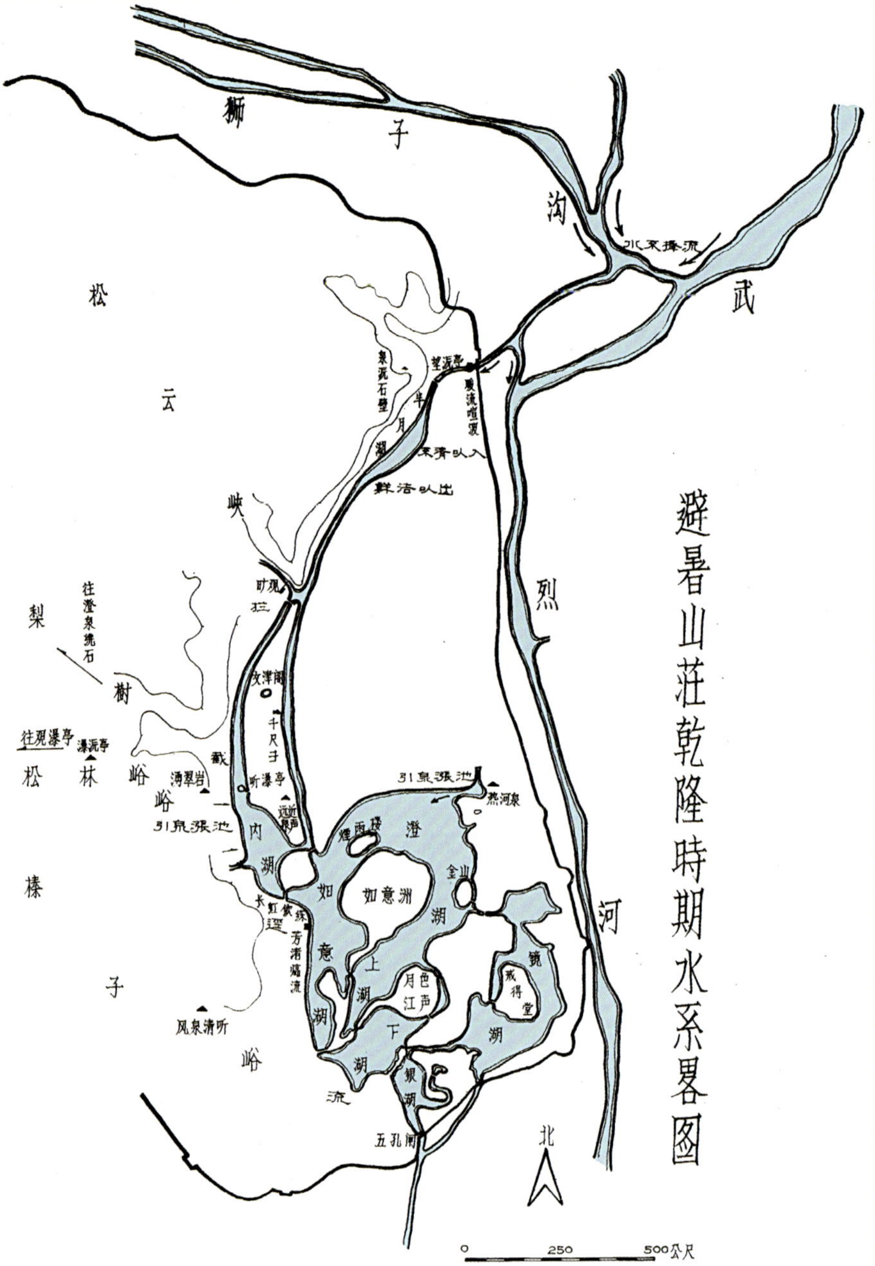

《避暑山庄乾隆时期水系略图》

水工的一般要求外，尤在利用水利工程造景。山庄之引水工程值得称赞之处也在此，这就是“暖流喧波”的兴建。《热河志》载：“热河以水得名。山庄东北隅有闸，汤泉余波自宫墙外逶迤流入。建阁其上，漱玉跳珠，灵润燕蔚。”康熙记道：“曲水之南，过小阜，有水自宫墙外流入。盖汤泉余波也。喷薄直下，层石齿齿，如漱玉液，飞珠溅沫，犹带云燕霞蔚之势。”武烈河上游也有温泉注入，也称热河，以上均指此，并非山庄境内之热河泉。可见，进水闸前引水道由于闸门控制而有降低流速、沉淀泥沙的功能。“喷薄直下”说明内外水位差经蓄截而增大，而且采用的是叠梁式木闸门。“层石齿齿”则说明水跌落下来有“消力”的设施以减少水力对里面水道的冲刷。康熙有诗咏道：

水源暖溜辄蠲疴，涌出阴阳涤荡多。
怀保分流无近远，穷檐尽诵自然歌。

“暖流喧波”上若城台，台上建卷棚歇山顶阁楼。有阶自侧面引上，水自台下石洞门流入。自然块石驳岸，并有树丛掩映左右，登城台即可俯瞰流水喧波。其西边安“瀑源亭”跨水，再西有板桥贯通。桥之西南，水道转收而稍放，开挖半月湖，并就地挖土起土丘于半月湖东南。半月湖北可承接“北枕双峰”以北的大山谷所宣泄的山洪和“泉源石壁”瀑布下注之水，西则汇集“南山积雪”东坡降水。鉴于山地地面径流掺杂了不少泥沙，半月湖在水工方面又成为泥沙的沉淀池，外观上又仿自然界承接瀑布之潭，此湖向山呈半月形亦利于“迎水”。

半月湖以南又收缩为河，形成仿佛扬州瘦西湖那样长河如绳的水域性格。在松云峡、梨树峪等谷口则又扩大成喇叭口形。长湖在纳入“旷观”之山溪后分东西两道南流而夹长岛，诚如长江或珠江三角洲的天然形势。居于长岛西侧的河道的线形基本和西部山区的外轮廓线相吻合，不难看出所宗“山脉之通按其水径，水道之达理其山形”的画理。为了模仿杭州西湖和西里湖的景色，又逐渐舒展为“内湖”。然后以“临芳墅”所在的岛屿锁住水口，将欲放为湖面的水体先抑控为两个水口。水口上又各横跨犹如长虹的堤桥，形成“双湖夹镜”等名景。其景序说：“山中诸泉，从板桥流出，汇为一湖。在石桥之右，复从石桥下注，放为大湖。两湖相连，阻以长堤，犹西湖之里外湖也。”为什么选这个地方作为界湖水口呢？因为这一带有天然岩石可以利用，不用人工驳岸自成防水淘刷之坚壁。现在仍可从“芳渚临流”一带看到自然裸岩临水之景观（图 180）。“双湖夹镜”诗咏也证明当初确有这种意图。

连山隔水百泉齐，夹镜平流花雨堤。

非是天然石岸起，何能人力作雕题。

山庄开湖的工程可分为两个阶段。康熙时的湖区东尽“天宇咸畅”南至“水心榭”，亦即澄湖、如意湖、上湖和下湖。至于其东之镜湖和银湖都是在乾隆年间新拓的。湖区水景布局包括湖、堤、岛、桥、岸和临水建筑、树木等综合因素。当初施工是由开“芝径云堤”为始的。总的结构是以山环水，以水绕岛。《御制避暑山庄记》说：“夹水为堤，逶迤曲折，径分三支，列大小洲三，形若芝英，若云朵，复若如意。有二桥通舟

180
芳渚临流：借水湄巨石为基，自成临流之芳渚佳境。亭以境出，重檐比例恰到好处

楫。”《热河志》还补充说：“南北树宝坊。湖波镜影，胜趣天成。”芝英即灵芝草，如意头的造型亦形如灵芝或云叶形，是以仙草象征仙境。自秦始皇在长池中做三仙岛以后，历代帝王多宗“一池三山”之法。中国的文化艺术传统讲究既有一定之法规，又允许在定规内尽情发挥。可以“一法多用”。正如同一词牌可作不同词，同一曲牌可用以伴奏不同的情节一样。杭州西湖有一池三山；颐和园有一池三山；北海、中南海有狭长水系中的一池三山，拉得很长；圆明园在福海中的“蓬岛瑶台”之三岛，却相聚甚紧。山庄的三岛处理却别出心裁，从一径分三支，如灵芽自然衍生出来一般，生长点出自正宫之北。三岛的大小体量主次分明，相当于蓬莱的最大岛屿“如意洲”和小岛“环碧”簇生一起，而中型岛屿“月色江声”又与这两个岛偏侧均衡而安，形成不对称三角形构图。其东又隔岸留出月牙形水池环抱“月色江声”岛，寓声色于形。就功能而言，“以堤连岛”既有逶迤的窄堤为径，又有宽大的岛布置建筑群。就形式美而论，狭堤阔岛又具有线形和轮廓方面的对比衬托。从工程方面看，除了如意洲南端向西北凹弯部经受风浪冲击略有坍方和变形外，三个岛基本上是稳定耐久的。池中堆岛山还可边挖边堆，就近平衡土方。至于烟雨楼和金山两个小孤岛坐落的位置，亦与三岛相呼应。传说中也有五座仙岛之说，即除了蓬莱、方丈、瀛洲外还有岱舆、员峤。烟雨楼和金山平面面积不大，但其立面构图和空间形象却非常突出。

湖中设岛，就处理阴阳、虚实关系来说，和书法落笔要掌握“知白守黑”是一样的。堤岛既成形，加以岸线处理，湖的轮廓也就出来了。中国园林理水讲究聚散有致，所谓“聚则辽阔，散则潆洄”，再细一点即要求理水之“三远”，即旷远、幽远和迷远。山庄湖区面积不大，又取以水绕岛之势，多是中距离观赏。但也有三条旷远的水景线，它们的共同特点是纵深长而水道较直。一条是自“万壑松风”下面的湖边上北眺，视线可径水直达“南山积雪”。另一条为自同一起点至小金山，水面最为辽阔。有一时期曾从“月色江声”北端筑土堤通到如意洲，为了追求陆路的便捷而破坏了水景，经复原后才又得景如初。还有一条是自热河泉西望，如果自“水流云在”东望，则因热河泉收缩于内，东船坞又沿水湾北转，一目难穷，又有幽远、深邃之感。试想当初更可进内湖沿山上溯，山影时障时收，那又会有“山重水复疑无路，柳暗花明又一村”的迷远变化了。

康熙时期正宫东北有湖景可眺。乾隆以东宫为朝后，东宫东面也不能无景可观。可能由于这个原因，约在乾隆十六年至十九年（1751—1754）这段时间里，山庄湖区又往东、南扩展了一次。使武烈河东移一段，在腾出的地面上挖出了银湖和镜湖。同时开辟了文园狮子林、清舒山馆和戒得堂等风景点。目前从金山东面尚可见康熙时期石砌河堤的遗迹。扩建部分的新堤便建于旧堤之东，足见扩展了相当大的地面。宫墙也随之更改而向东南拱出，并在原水闸之位置建“水心榭”，出水闸则推移至五孔闸。

水心榭实际上是一个控制水位的水工构筑物，使新旧湖保持不同的水位，即新湖水位略低于旧湖。但水心榭并不是单纯的水闸，而是“隐闸成榭”的园林建筑，形成跨水的一组亭榭。特别是渡过“万壑松风”桥向东南望，石梁横水，亭榭参差，后面又衬有高山作背景，层次深远，爽人心目。如自银湖

回望则又有一番意味。可以判断，这个水工构筑物和园林建筑的结合又胜“暖流喧波”一筹。究其成功之原因，布局位置得宜，夹水横陈，又把闸门化整为零，分闸墩成八孔，闸板隐于石梁内，从而又构成水平纵长的特殊形体。平卧水面，与水相亲，十分妥帖。加以水映倒影，上下成双，波光荡漾，曲柱跃光（图 **181**）。正如乾隆所描写的一样：

一缕堤分内外湖，上头轩榭水中图。
因心秋意萧而淡，入目烟光有若无。

181
水心榭

综观山庄之理水，源藏充沛，引水不择流。水的走向与西部山区汇水的几条主要谷线松云峡、梨树峪、松林峪及榛子峪近于垂直，便于承接山区泉水和雨季大量的地面径流，成为天然的排放水体，从而得到“山泉引派涨清池”的效果。人工开凿力求符合自然之理，理水成系，使之动静交呈。由泉而瀑，瀑下注潭，从潭引河，河汇入池，引池通湖。此外还刻意创造了“萍香沜”“采菱渡”等野色。在“旷观”附近水分两道，为的是西面一道承接山区来水，东面一道汇入“千尺雪”。内湖仿佛是蓄水库，可控制下游水量，自“长虹饮练”后才放开为大湖。热河泉的水自东交汇，径南至水心榭，后延伸至五孔闸泄水。因此水系的开辟受多方面因素影响，因势利导而成。山庄之理水也走过一些弯路，从嘉庆《瀑源歌》诗中可以看出不按自然之理处理水景便难以长存。这也说明山庄对水景工程的处理是很细致的。其诗曰：

一勺之多众山里，涓涓不仃注宛委。
盈科后进循自然，放乎四海皆如是。
瀑源本在此谷中，归贮木匣贮积水。
伏流涧底人不知，遂疑垂练伪造耳。
欲巧反致失其真，矫揉造作岂可持。

圣人凡事必求真，肯令浮言淆至理。
特命子臣率大臣，步步测量审远迩。
乃知此水在此山，易木以石流弥弥。
奎章巍焕泐亭阴，发明证实岁月纪。
高低互注九曲池，得源岂徒为观美。
伏必于而显斯清，澄澈泠泠去尘滓。
行藏用含皆待时，有本无求安汝止。

这诗虽不好，却是一段山庄理水的实录。在处理水工构筑物时，力求结合成景。从水的空间性格而言聚散有致、直曲对比、有明有暗（如“香远益清”和“文园狮子林”的水面都是藏于隐处的），把寓仙境、摹江南结为一体。水绕岛环、水盈岸低、木桥渡水、苇蒲丛生、荇萍浮水，给人以爽淡、清新、亲切、宁静之水乡野情，和一般宫苑所追求的金碧山水完全不一样，把水理出性格来了，很难得。

2. 造山

山庄真山雄踞，无须大兴筑山之师。但可借挖湖之土用以组织局部空间，协调景点间的关系以弥补天然之不足。如“试马埭”位于文津阁侧溪河之东，须筑防水之土堤，这就是“埭”

的含义。万树园要求倾向湖面以利排水，也要垫土平整。金山岛仿镇江金山寺，如直接与如意洲上的宫廷建筑对望便有欺世之嫌，也相互干扰。因此如意洲由东而北都有土山作屏障。真的金山是与焦山相望的，焦山的风景特征正是“山包寺”而不见寺。如意洲以土山障宫室，自金山西望见山不见屋，就协调了两个景点间的关系。如意洲的西部是敞开的，这样可以露出“云帆月舫”。前几年一度临时堆浚湖土于此，破坏了原有布置，现已移去。山庄筑山最好的是从“环碧”至如意洲这一段，其间土山交复，夹石径于山间，形成路随山转、山尽得屋的典型景象。另一处是由热河泉而南，路随土山起伏，土山交拥，形成狭长的低谷地。至于“香远益清”、“清舒山馆”和“文园”都利用土山组织空间。“卷阿胜境”之南又筑曲山两卷以象征景题所寓的地貌特征。上述筑山工程都在布局中起了重要作用。

在掇山方面，山庄不仅有合理的布局，而且饶有塞外山景的特色。宫区以“云山胜地”“松鹤斋”“万壑松风”为重点。湖区以“狮子林”“金山”“烟雨楼”“文津阁”为重点。山区则以“广元宫”“山近轩”“宜照斋”“秀起堂”等为重点。这些掇山虽不是同一时期所为，但如同文字一样，善于因前集而作风景的“续篇”，始终得以保持统一的风格而又不乱布局之章法。可以看出，山庄掇山是从乾隆扩建山庄时兴盛起来的。作为清代宫苑，造园者完全有条件从外地采运山石，但他并没有这样做，而是遵循“是石堪堆”、“便山可采”和“切勿舍近求远”的原则选用附近的一种细砂岩。其中有的还掺杂一些“鸡骨石”的白色纹层。这种山石有的色青而润，亦有偏于黄色，体态顽夯、雄浑沉实之类。正好衬托山庄雄奇的山野气氛。这和以“透、漏、瘦”为审美标准的湖石完全是两种风格。乾隆是很有意识地要创造山庄掇山风格的，乾隆在《题文园狮子林十六景·假山》中说：

塞外富真山，何来斯有假。
物必有对待，斯亦宁可舍。
窈窕致径曲，刻峭成峰雅。
倪乎抑黄乎，妙处都与写。
若颜西岭言，似兹秀者寡。

另一首诗又说：“欲问云林子，可知塞外乎。”可知山庄掇山是在宗法倪瓒画法的基础上结合塞外风景特性来布置的。倪瓒字元镇，号云林子，是元代著名山水画家。他创用“折带皴”以表现体态顽夯之石，亦即江南黄石的景观，与山庄石性很接近。他好作疏林坡岸、浅水遥岭之景，取意幽淡萧瑟。山庄文津阁掇山就是刻峭成峰，以竖用山石取得峭拔之势，这也是磬锤山峰型的抒发。金山掇山则运用“折带皴”以层出横云、跌宕高下，而取得雄奇感。既有统一的布局，又有各景点的山石特征。山庄很少用特置的单个奇峰异石取胜，而是着眼丁掇山的整体效果，这也是高明之处。

在翻修“月色江声”岛院内山石的过程中，发现其掇山结构取“以条石堑里”之法，用花岗岩的长条石做骨架，外覆自然山石，石体中空。这和现代砌围堵心的结构是不相同的。

（二）结合地宜规划

园林不同于绘画之处，除可观外，也可居、可游。山水间架的塑造也是结合使用功能统筹的。山庄之分区基本上按地形地貌的类型划分。南部平岗地和平地用以布置宫殿区，取正南方向和通往北京的御道相衔接，仍然遵循前宫后寝、前殿后苑和“九进”等传统布置宫苑之制，有明显的中轴线相贯。由于用地面积有限，布置格外紧凑。宫殿建筑的尺度较小而比例合宜。正宫整个的气氛庄严肃穆，但又没有紫禁城宫殿之华丽感。建筑灰顶，装修素雅，不施彩画，木显本色。加之两旁苍松成行，虬枝如伞，显得格外清爽、朴雅、淡适、恬静，这正是行宫的特色。另外，山庄善用景观营造出从前宫到后寝，从宫殿到苑园逐渐过渡的氛围。如主殿“淡泊敬诚”以北廊子的比重逐渐增多，山石布置的比重也逐渐增多。正殿南面还用石垂带踏跺，而殿北就过渡为山石如意踏跺了，直至“云山胜地”已是云梯磊磊，古松擎天，环视皆有石景了。正宫最北的“万壑松风”相当于一般私家园林的厅堂，据岗俯湖或远眺山色，可以粗览湖光山色之概貌。由此可以放射好几条主要风景线，直北可把视线拉到“南山积雪”“北枕双峰”。外八庙居北之普佑寺尚可依稀在望。视线东扫，则金山岛之上帝阁显赫地矗立湖际。再由东而南，远瞩磬锤峰及附近诸庙，近得水心榭斜卧水中。还有些景则半掩半露，逗人入游。在“起、承、转、合”的章法中，这可谓是园景之“起”了。这个起点选据岗临湖、居高临下之形势，较之一般宅园厅堂更丰富了山林野趣。新中国成立后湖区插柳成行，难免阻挡了一些风景线，应按“碍木删丫”的道理全部恢复风景透视线。

湖区南起“万壑松风”桥，北止万树园南缘四亭。以“万壑松风”桥为起点，开辟了三条游览路线。一沿西岸，一沿东岸，一贯诸岛。在布局方面主要是确定如意洲的位置，因为这是别宫所在、洲居湖心众水口所归之处，并且还是湖区承接山风淑气最好的地方。康熙所谓“三庚退暑清风至，九夏迎凉称物芳”“山中无物能解愠，独有清凉免脱衫”，乾隆所谓“洞达轩窗启，炎朝最纳凉”都是指这个岛。因此这个岛向西敞开，一为采风，二为得景。如意洲既采用北方四合院的格局布置主体建筑院落，又有从四合院派生的别院。若通若隔之邻院和与金山相呼应的岸亭点缀，加以“园中有园”之沧浪屿，移来江南余韵，亦乃大中见小、小中见大之作。

湖区主岛既定，“月色江声”岛上就仅有一个相当于四合院的布置。列为第三位的“环碧”则为更加简练的建筑组合。因青莲岛以全岛环水居澄湖中而设“烟雨楼”，取金山岛峭立湖边而成金山。由于“堤左右皆湖”有碍水上游览的串通，便“中架木为桥”。湖区北岸上的四个亭子，乍看时似乎等距相安，未免呆板。但按原水系的布局，“水流云在”把于水口，与烟雨楼、如意洲西部、“芳渚临流”借三岔水口互为对景。在水口附近集中布置园林建筑也是惯例，如瘦西湖等。“濠濮间想”也是突出水景的。“莺啭乔木”和“甫田丛樾”则按“承、转”的章法由湖区向平原区的“万树园”过渡。这四座亭子把湖区景色收住，又向北掀开风景的新篇章。建了烟雨楼以后，登楼自西而东隔水观望，“绿毯八韵碑”居中正对，其东西各有二亭呈现在楼柱和挂落构成的框景中，有步移景异之妙，说明乾隆扩建时着意在已建基础上写“续篇”，使湖区更臻完整。

紧接湖区的“万树园”和“试马埭”，在使用功能和空间性格方面都有转换，使游人再次兴奋。游者的心目从欣赏摹写江南水乡秀色转向一览地广而平、牧草遍野的蒙古草原风光。万树园是稀树草地景观，试马埭则处草原一隅，二者以北还有扎有蒙古包的场地。国内外重要人物得以在如此别致之所朝见君王。

山区建筑在康熙时期建设不多，主要是在四个山峰上安亭以控制整个山庄之局势和风景。“锤峰落照”控制湖区，“南山积雪”和“北枕双峰”控制平原区和北部湖区，居于山区第二高峰上的“四面云山”则可控制山区内部。高山安亭，在布局章法方面起了“结”的作用。适才所游之景，可尽收于目下。游人可以回忆游程，再审去处。

山庄范围依地势划分。北面的山脊线上架宫墙，随山岭蜿蜒如若小长城。西南也基本以山脊线为界，西面从谷线设界墙，故西南部常设排水口穿墙。东面则以武烈河堤为邻，整个形成一个芭蕉扇形，而扇柄则是正宫和东宫的所在。至于山庄总体布局有没有中心的问题，有的专家认为是“山骨水心”，有的专家认为山庄的中心是磬锤峰，都是有道理的。我认为作为采取“集锦式”布局的古典园林而言，山庄并没有像颐和园佛香阁或北海白塔那样明显的构图中心。整个外八庙是朝向山庄的，山庄内山区和平原区交拥着湖区，而湖区还是朝向宫殿区。“芝径云堤”的生长点不就来自正宫的方向吗？这可以说是一种“意控”的中心。嘉庆在《芝径云堤歌》中就说：“长堤曲折界波心，宛如芝朵呈瑶圃。”就湖区而言，金山岛可谓中心。随湖岸线演进至北部湖区烟雨楼则又成为局部的构图中心。所以说山庄是“山庄即水庄，无心亦有心”了。

（三）巧于因借，得景随机

“巧于因借，精在体宜”是我国传统园林极为讲究的布局要法。不仅用于总体布局，也用于细部处理。按计成的解释：“因者，随基势高下，体形之端正。碍木删丫，泉流石注，互相借资。宜亭斯亭，宜榭斯榭。不妨偏径，顿置宛转。斯谓‘精而合宜’者也。借者，园虽别内外，得景则无拘远近。晴峦耸秀，绀宇凌空。极目所至，俗则屏之，嘉则收之。不分町畽，尽为烟景，斯所谓‘巧而得体’者也。”其中心内容是：精于利用地异便可得到合宜的景式，巧于借景方能创造得体之园林。足见“借景”和“相地”有不可分割的密切关系。当初选址之时就把周围的奇峰异石考虑在内，兴建时又着意发挥。

此亦山庄造景之要法。

山庄因借之精巧在于综合地利用了一切可利用的天时地利条件，按照“景因境成”的原则布置了不同观赏性格的空间。从布局方面看，以集中布置园林建筑组群和分散安排单体建筑相结合的方式使之融汇于山光水色之中。其景点之景题、疏密、朝向、体量、造型乃至成景、得景都力求与山环水抱的环境相称。某景之好只是在它所处的特定造景条件下而言，若孤立地抽出某一建筑群来看，则很难理解其形体之所凭。若颠倒其环境相置则必乱其造景之体裁而不成体统了。具体而言，山庄之因借可概括为以下几方面：

1．因高借远

如前所述，《园冶》“相地”篇认为“园林惟山林最胜。有高有凹、有曲有深、有峻而悬、有平而坦”。山庄选林地造园，除了“因高得爽”原则借以避暑外，还在于这种用地地形起伏多变，是运用借景手法最有利的地形基础，有事半功倍之效。其中“因高借远”对于处理园内外造景关系方面尤为重要。山庄山区位于山上几个制高点上的山亭正是这种因高借远的体现。“南山积雪”亭远借南面诸山北坡维持较长时间的雪景和僧冠峰等异景。“北枕双峰”亭远借金山和黑山雄伟的山景，充分利用了西北金山和东北黑山排空屹立，如“天门双阙”的形胜，并安亭翼然，与二山相鼎峙，可谓“精而合宜”。居于山区次峰上的“四面云山”于满目云山之巅安亭以环眺。登亭若有“会当凌绝顶，一览众山小”之势，远岫环屏，若相朝揖。须晴日，数百里外峦光云影都可奔来眼底。振衣远望，心境能不为之一振吗？这是远借的佳例，也可以使我们理解“宜亭斯亭”的含义。“高原极望，远岫环屏”则是远借的要法。

2. 俯仰互借

园林虽有内外之别方称“借景”，园内相互得景称“对景”，但若从“园中有园”来理解，即在园内亦有互相资借的手法。俯仰互借就是利用山林地“有高有凹”有利条件的处理方式。如在“万壑松风”可俯览湖区风景之概貌，而自湖区“万壑松风”桥东来则又可仰观“万壑松风”雄踞高岗之上。自万树园可仰借山区外露之山景，而居山区高处又可纵目鸟瞰湖区和平原区的景色。作为山庄，山水高低俯仰成景是园内最基本的一种借景、对景手法。因此山区常有“晴峦耸秀，绀宇凌空”“斜飞堞雉，横跨长虹”的景观。

3. 凭水借影

景色更妙于从湖光水色中借倒影，这种间接的借景似乎有更深的意味。居于湖区西岸高处的“锤峰落照”和杭州西湖以往的“雷峰夕照”有异曲同工之效。磬锤峰固然远近观之多致，但居山俯湖，从荷萍空处隐现“锤峰倒置”的画影就更为难得。澄湖如镜时，峰影毕现；微风荡波时，峰断数截而摇曳、化直为曲、欲露又隐、逗人捕捉。除此以外，诸如“镜水云岑”“云容水态”“双湖夹镜”“水流云在”，无不取类似的意境和手法。

4. 借鸣绘声

游览园林要使各种感官饱领山林野趣，方能领会绘声绘色之兴。借水声、禽声、风声都可以渲染园景的诗情画意。“月色江声”描绘了一幅多么富于诗意的图画。月色空明之夜，万籁无声，却于静中传来武烈河水滚流之声，似乎还可联想到居江边而闻橹声，这和“蝉噪林愈静，鸟鸣山更幽”的描写手法一样。江声并不吵人，而是显得月夜更宁静，不静哪能听到白昼所不会察觉的江声呢？此外，昔之“千尺雪”喷薄时伴有落瀑之声，乾隆在《千尺雪歌》中咏道：

问雪有声声亦有，矮屋疏篱筛风后。

无过骚屑送寒音，那似淋浪喧户牖。

何来晴昼飞玉花，玉花中有声交加。

人间丝竹比不得，似鼓云和之瑟湘灵家。

雪落千尺亦其素，乃中宫商胜韶頀。

道之则来讵巧营，即之则虚堪静悟。

……

似这样充分利用地宜做绘声绘色的山水文章，从水引出音乐，再用清幽的音乐比拟“静悟”的人生哲理，创造最清高的“山水音”，在古典园林中是屡见不鲜的。山庄借声之景还有“玉琴轩”“暖流喧波”“远近泉声”“听瀑亭”“风泉清听”“万壑松风”“莺啭乔木”等多处。可以说把立地自然环境中可借声的因素都利用起来，运用多种手段丰富园景，特别是“枞金戛玉、水乐琅然”的艺术享受。

5. 熏香借风

在自然风景中嗅到植物所散发的芳香也能赏心怡神，但传统的中国园林往往把“嗅香”提高到“听香”的境界来享受，即并不是人主动去寻香，而是在大自然的怀抱中，自然有幽香借微风一阵阵地送来，撩人以醉。因此不求香气逼人而向往“香远益清”。山庄之“香远益清”正是以“翠盖凌波，朱房含露。流风冉冉，芳气竞谷”的景色著称。还有“曲水荷香”也是以“镜面铺霞锦，芳飙习习轻。花常留待赏，香是远来清”令人流连。其他如“冷香亭”“萍香泮”“甫田丛樾”“梨花伴月”等景都是同类手法。

6. 所向借宜

在居住建筑的布置中往往争取朝南正坐，而风景、园林建筑并不尽然。有时出于山水形势之朝向和得景的需要，也可取偏向甚至取“倒坐”。山庄中“瞩朝霞”“霞标”“锤峰落照”“清晖亭”等都朝东。因为朝东可以领赏红日冉冉破晓、武烈映带和磬锤峰、蛤蟆石、罗汉山的剪影风光。“西岭晨霞”同样可欣赏晨光，但却借西岭晨霞西射之景。“吟红榭”向东得寅辉，“霞标”又向西挹爽，“食蔗居”顺松林峪之谷势而向东南，“广元宫”和“山近轩”因山势而面向西南。因势取向，无所拘牵。

7. 遐想借虚

园林借景还讲究“收四时之烂漫”和“景到随机”。这个

“机”允许在现实景物的基础上施展浪漫主义的遐想手段使园林的意境深化。按说作为一个寝宫并无景可观，但“烟波致爽”因其居四围秀岭之中，十里澄湖之上，致有爽气送自烟波。并且，一想到整个山庄的“春归鱼出浪，秋敛雁横沙，触目皆仙草，迎窗遍药花”和“露砌飘残叶，秋篱缀晚瓜”的秋意，较之紫禁城内的御花园就爽心得多了。

如意洲西临水处原有“云帆月舫”一景（图182）。这是一座临水仿舟形阁楼，很接近园林中常见的石舫或画舫却又别具风采。说是画舫，可并不在水中。说是一般楼阁，却又临水如舵楼造型。像这样称为“舫”而又不在水中的建筑在园林中并不多见。广东佛山市顺德区清晖园中尚可见到类似的处理，但手法却不一样。“云帆月舫”取“宛如驾轻云，浮明月”的意境，称得上是“得景随机”的范例。“驾轻云”比较容易理解，即驾轻云横逸为船帆鼓风而进的写照。而“浮明月”并不是明月浮于天际，而是月光如水一般遍洒在大地上。舫坐落在月光笼罩的地面上，犹如浮在水面上。因为我国向有“月来满地水，云起一天山”之诗境，何况此舫距岸不远，与对岸的“芳渚临流”等互为对景，舵楼水影又如若真舟。似这样在具体的基础上又寓抽象、在写实的造型中又赋写意的意味的园林建筑创作实在是值得我们学习和借鉴的。乾隆有首诗很能说明此景贵在

182

云帆月舫

似与不似之间的创作意图和其中的诗情画意：

舟阁傍烟湖，浮居有若无。

波流帆不动，涨落棹如孤。

牖幔披云揭，楼栏共月扶。

水原资地载，所见未云殊。

183
《对松山图》

五、移天缩地，仿中有创

山庄造景真有“致广大，尽精微”的艺术效果，欲“移天缩地在君怀”也并非一蹴而就的易事，若无高度的造园意匠很可能落得个“画虎不成反类犬”的笑柄。天下何其大，如完全采用现实主义的手法逐一堆砌哪能奏效。山庄规划者从大处着眼，结合山庄的自然条件，提纲挈领地重点仿几处。有些景色略有所仿，更有的可作象征性的写照。于是分别以悉仿、小仿和意仿以求在有限的用地面积内可以包含更多的名园胜景，这成为山庄“致广大”的要诀。众所周知，康、乾二帝数下江南，看到称心的风景名胜便命随身侍奉的画师摹写作画，回到北京后再移江南景色于京都诸苑之中，因此避暑山庄有“塞外江南”之誉。应该说仅以此来概括山庄的造景成就是不够的。山庄风景之胜不仅在湖区，更在于占全园用地总面积 4/5 的山区，如说山区也是移写江南水乡之景那就牵强了，但山区造景确有所本。作为山区风景点最集中的“松云峡”是有明显摹泰山风景之意图的。最近从《故宫周刊》327 期中查阅到一幅名为《对松山图》的山水画。这是乾隆游玩了泰山以后授意李世倬作的一幅画，原作绢本，设色。纵六尺八寸四分，横二尺六寸五分。见摹此画大意如图（图 183）。原画右下方有作者写的画题和题字，其文说："青壁双起，盘道中施。石齿树生，云衣晴见。当泰岱之半景为最奇。"在原作上方居中的位置还有乾隆亲笔题的一首七言诗：

景行积悃望宫墙，祝礼先期都太常。
讵为嘉陵驰立传，却携泰岳入归装。
天关虎豹看严肃，松磴虬龙铁翳苍。
便是明年登眺处，好教云日仰仁皇。
命李世倬视孔庙礼器，回路图此以献，因题一律。

这"携泰岳入归装"以后之举并未见在北京西郊三山五园中细表，却可以从山庄山区，特别是松云峡的布置中看到这种移仿的意图。将此画和松云峡的典型景观对照，二者何其相似。山庄之斗姥阁如若泰山之"斗母宫"，山庄居山顶之"广元宫"就是泰山极岭上"碧霞元君庙"的写照。至于乾隆所写咏山庄的诗句中"寒林穷处忽成峰，仿佛如登泰麓东。山葩野卉难争艳，五株疑是秦时松"等都是上述意图的反映。（注："秦时松"指秦始皇在泰山所封的"五大夫松"。）

水景移江南，山居仿泰岱。这是提纲挈领地缩写我国江山。三山五岳之制素以泰山为五岳之首，同时也符合松云峡原有的地异。其余山景的缩写则可一带而过。诸如从“香远益清”的莲花可以联想到“华岳峰头”，从“玉岑精舍”可以联想到武夷九曲河，从“远近泉声”的泉和峰可以联想到“泉堪傲虎趵，峰得号香炉”（注：杭州有虎跑泉，济南有趵突泉，皆名泉。香炉峰为庐山名峰），从“长虹饮练”引申出“武夷帐幄列云崖，为有虹桥可作阶”，“城是乾闼幻，乐是洞庭调”，这样既有重点移景，又有一般的仿造和想象，使之更致广大而不累赘。

慕名仿胜在古典园林中屡见不鲜，但也随作者之艺术水平而分高下。低者照猫画虎甚至画蛇添足，附庸风雅，弄巧成拙。中者如法炮制，有形无神。高者仿中有创，惟妙惟肖。以仿金山而论，扬州瘦西湖有“小金山”，虽在山与寺的处理关系方面与镇江金山寺有相似之处，但在游览的感染力方面并不很强，不能令人们产生内心惊服之感。北京北海之琼华岛虽有仿金山某些建筑性格，如“远帆阁”和月牙廊的做法，但该岛山主要是仿北宋艮岳，所以就仿金山而言只有某些局部的效果。唯山庄之金山可以令到过镇江金山的人一见如故，承认它是镇江金山的缩影而又具有本身的特色，仿中有创，不落俗套。澄湖中的烟雨楼尽管条件有所局限，也不失为仿景佳作。从这两处成功之作可以总结出仿景之要点：

（一）推敲以形肖神的山水形胜

以山水为骨架的风景名胜，首先要把握住其山水形胜。属哪种山水类型？具有什么风景性格？和环境的关系如何？例如镇江的金山被古人称为“江南诸胜之最”。古代的金山和现在的金山在山水形胜方面有所差别。古金山雄踞长江近南岸江中，与南岸隔水相望。这里江天一览，壮阔空明。金山在江中犹如紫金浮玉一般。金山又名金鳌岭、浮牛山、浮玉山。文学大师们最擅捕捉山水之形胜。唐《洞天记》用十六个字就概括了其要：“万川东注，一岛中立。波涛环涌，丹碧摩空。”按县志记载，在100多年前的清道光年间，金山开始与南岸接，形胜不复当初。图184为临摹《鸿雪因缘》中“妙高望月”的大意。妙高台为镇江金山一景，可见其成景环境之一斑。我们从图185中可以比较二金山所处的环境，便可看出山庄之金山向东让出一涧之地与岸分离，西面则有开阔的澄湖，于碧波环涌之势屹立山岛中。形势把握住了，环境特征抓住了，才好做细部文章。

烟雨楼仿的是浙江嘉兴南湖中的烟雨楼。南湖四周地势低平，河网密布。烟雨楼所在的岛是明嘉靖二十七年（1548年）运浚河之土填出来的一个全岛。起平渚而居湖心，在烟波浩渺

184
妙高望月

185
镇江金山与避暑山庄金山位置对比示意图

184

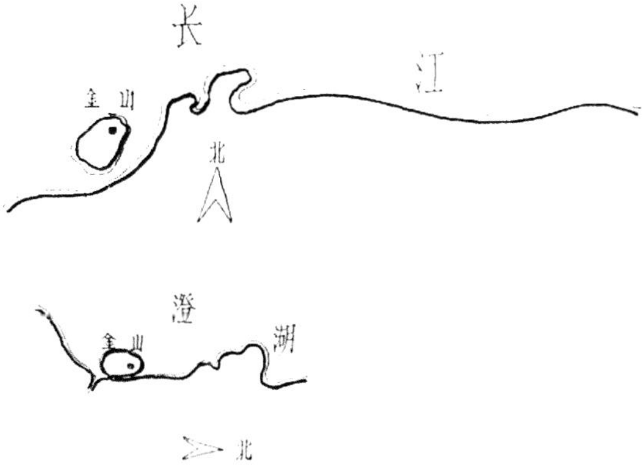

185

中矗高楼。虽然也有水平和竖直的线形对比，但轮廓线是比较平稳的。山庄烟雨楼原为如意洲北面的孤岛，从《御制热河三十六景诗》“濠濮间想”图中可见其概。此岛东、北、西三面都有较宽的水域，唯南向与如意洲相隔太近。但当时并无目前的如意洲桥，除于如意洲北端北望可察觉其形胜不足之处外，其余三面都有空濛之特色。加以北面为地势低平的“万树园”，主体建筑烟雨楼因南面用地局促而居于岛之北沿，因此可以获得近似的环境条件。

（二）捕捉风景名胜布局的特征

大凡风景，都以各自不同的风景性格吸引游人。决定风景性格的因素除了形胜之外便是山水、建筑、树木之间的结构关系。镇江之金山寺由于山小寺大，建筑分层布置，递层而上，鳞次栉比，依山包裹。由于建筑密度大，远观见寺不见山。镇江焦山则正好相反。故素有“焦山山裹寺，金山寺裹山”的说法，给人印象较深。另外镇江金山的主要山门取西向，而南面向岸的一边又另辟门径。这些建筑都坐落在层层上收的自然裸岩上。建筑空处，山岩或横逸探空，或峭壁陡立。其间又有香樟、枫杨、桑、柳等大树参差上下。于是，形成宝垲临水，月牙廊环抱山脚水边，庞大殿堂傍山麓，山上有台，台上有楼塔矗山顶一侧（原为双塔），爬山廊、石级相断续的宏伟寺观。如用这样的布局特征对比山庄之金山，便知主持工程之匠师完全把握了这些特征，烟雨楼亦可同理推敲。

（三）模拟特征的建筑

镇江金山最富有特征性的建筑是矗立在北部山顶上的慈寿塔。塔为七级，木结构，这座塔实际上已成为镇江地理标志，古时行船见塔便知已抵镇江。金山海拔 44.4 米（吴淞口标高），山之相对高度约为 60 米，慈寿塔高约为 30 米。因此，得山而立，山因塔而奇。山庄金山以阁代塔，尺寸虽小却与环境比例协调。除主体建筑以外，相当于码头的宝垲、月牙廊、爬山廊也都吸取来烘托上帝阁。“天宇咸畅”（图 186）和“镜水云岑”一坐北朝南、一坐东向西，可谓以一当十，概取其要。加以辟台时也由缓而急，由低而高，以油松为参天古木，金山神韵油然而生。

（四）整体提炼，重点夸大

欲以少仿多，必然要“删繁就简”，即要在总体方面加以提炼，把握住造型的总体轮廓。山庄金山仅用了五个建筑便得其势，而这五个建筑已提炼到缺一不可的程度，否则难以再现金山亭、廊、楼、台、塔组合有致之形体。宋代王安石《游金山诗》中的“数重楼枕层层石”可说明镇江金山的石性，因此山庄金山用“折带皴”掇山就很得体。但是仅提炼是不够的，为了加强这种风景特征的感染力，在不破坏总形势和整体比例的前提下，可以允许做些艺术夸张。山庄金山在山与塔的比例关系方面做了大胆的夸张，一改镇江金山塔为山半的高度比例，成为阁比山高（山高约 9 米，阁高约 13 米），因此上帝阁雄踞山顶之气势更为鲜明。此外，其余几个建筑在与山的比例关系上都有夸大，而尺度又并不很大。目前重建之“芳洲亭”尺寸较原有的小了些，可以感觉出来在比例上与其他建筑不相称，为了保持山庄金山这个景点在园林艺术上尽可能的完美性，建议修改。如将图 184 和图 186 两相对照，便可领会其仿中有创的要领。

（五）创造“似与不似之间”的景趣

虽然真、仿二金山在环境和个体建筑方面不尽相同，但在景趣方面是有共同点的。从成景方面分析，二者都是观赏视线的焦点。镇江金山四面成景；山庄金山有三面多成景，其东面以土山相隔。从得景方面分析，镇江金山可登塔环眺，山庄金山亦然；北望永佑寺和远山远寺，东取磬锤峰诸景，南抱湖景，西则隔湖列岫。王安石游镇江金山那种“数重楼枕层层石，四壁窗开面面风。忽见鸟飞平地起，始惊身在半空中”的诗意在上帝阁上亦能得到。登阁俯远，面面有景。这可谓得金山之神韵了。

186
避暑山庄“三十六景”之“天宇咸畅”

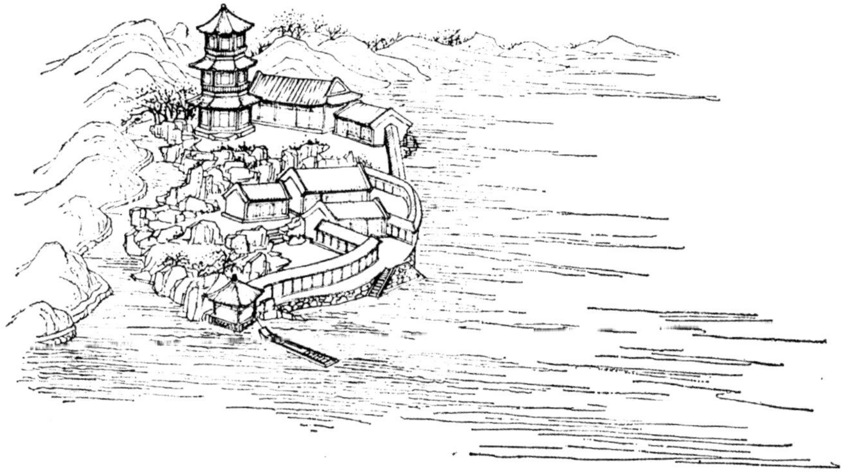

六、古木繁花，朴野撩人

避暑山庄因土脉肥、泉水佳而草木茂。原来的天然植被就很好，给人以朴茂之美。开发时又按照“庄田勿动树勿发”的原则兴建，基本上没有破坏原有的生态平衡。一度灾民伐树，事后也得到补救，山区风景点兴建后，又从附近移植大量树木加以弥补。至今，山庄还保留了一些固有的特色。

适地适树的园林植物种植适于科学性与艺术性相统一的准则。山庄树木花草种植无不遵循土生土长的塞外本色，山庄给人印象最深的是油松，当初曾有“山塞万种树，就里老松佳”。这头一句是文学夸张，后一句说明当地的古木主要是油松。因为油松是乡土树种，强阳性、耐寒、耐旱、耐瘠薄土壤，喜欢生长在排水良好的山坡上。这些正是山庄的生态条件。就意识形态而言，油松因寿命长和四季不凋而含延年益寿的寓意。又因色彩稳重而肃穆，干挺拔而壮观，因龙鳞斑驳、老枝苍虬而富古拙、朴野的外貌，虽一棵树却极尽形态之变化。这些形象美的特征也正合建山庄的目的。因此，确定油松为山庄植被永恒的基调是很有根据的，山庄以松为景题的风景点也是屡见不鲜的。从各种角度品赏松树的美。整个山庄之山光水色因有油松为基调而得到统一。所谓“山庄嘉树繁，雨露栽培久。凌云皆老松，近水少杨柳”的观感可见一斑。虽以油松为基调，却又不是平均布置，在处理松树的疏密方面十分得当。山庄何处有景点呢？可以说哪里油松密集，哪里就是风景点的所在。这似乎是成为山区游览无形的指路牌。直至目前，我们尚可以作为寻找遗址的方法之一。

但是就山庄的内部而言，自然条件又有些小差异。自北而南，起伏渐减，土壤也由深厚、肥沃渐转为干旱瘠薄。因此自然条件最好的峡谷命名为“松云峡”，递次而为梨树峪、松林峪，最南为榛子峪。榛子可谓最耐干旱瘠薄的野生树种。另外，在有成片成林的山区绿化基础上又结合湖区水生植物种植和庭院内精细的植物配置加以分别处理。试马埭结合功能以大片草原点染蒙古风光。万树园又在绿茵如毯的草地上植以高大的乔木如榆、柳之类，形成稀树草地的景观。于是，植物种植配合功能分区而强调出各种空间的性格。“万壑松风”除了仿西湖万松岭外，似有仿元代何浩所作《万壑松涛》的画意，成为“踞高阜，临深流，长松环翠，壑虚风度，如笙镛迭奏声”的景点，地面上还有“岩曲松根盘礴”的野趣。“莺啭乔木”以“夏木千章，浓阴数里”给人“林阴初出莺歌，山曲忽闻樵唱”（《园冶》）的联想。“试马埭”又可得“草柔地广，驰道如弦”之景观。

特别值得一提的是山庄的山林野致，它以区别于一般城市山林的做法逗人流连。《园冶·山林地》中，有“杂树参天”“繁花覆地”的描写。后者实例鲜见，但山庄之“金莲映日”却是罕见的佳例。成片的金莲花覆盖山坡是华北小五台山的典型自然景观。山庄移景于如意洲广庭内植金莲花。晨曦之际，于楼上俯视，含风挹露，金彩焕目，观之若黄金布地，蔚为壮观。除此外，“松鹤清越”香草遍地，异花缀崖，“芳渚临流”夹岸嘉木灌丛，芳草如织，都是得自此法的山林景观。山庄在水生植物配置方面也很讲究野致。“萍香泮”以野生浮萍为景，丰茸浅蔚，清香袭人。“采菱渡”因“新菱出水，带露萦烟”而得“菱花菱实满池塘，谷口风来拂棹香”的景趣，至于荷莲清香更是到处可寻。为了强化野趣，甚至连苔藓之类的地面覆盖都利用上了。如意湖有“藏岸荫林，苔阶漱水”的描写。“四面云山”所追逐的诗意达到“苔纹迷近砌，鹿迹印斜岐”的程度。

我国有巧于种植攀缘植物的传统。《园冶》中提到“引蔓通津，缘飞梁而可度”。意即在有桥跨水的环境条件下，于两岸种植攀缘植物，缘桥合枝交冠。这种“引蔓通津”的手法可以减少桥的人工气息而增添自然风趣。很可贵的是在山庄文园狮子林这组景中，尚有文字记载可寻。乾隆《题文园狮子林十六景》中之第六景为《藤架》，诗云：

藤架石桥上，中矩随曲折。
两岸植其根，延蔓相连缀。
施松彼竖上，缘木斯横列。
竖穷与横遍，颇具梵经说，
漫嫌过花时，花意岂终绝。

山庄植物种植还着眼于季相的变化，不同时令有合宜的游赏点。塞外春来晚且短，但“梨花伴月”却渲染了山间春意。由于有疏密相间的梨花陪衬，使这组辟台递升的风景建筑与植物种植结为一体，从而进入“堂虚绿野犹开，花隐重门若掩”的境界。那里“依岩架屋，曲廊上下，层阁参差。翠岭作屏，梨花万树。微风淡月时，清景尤绝”，因此乾隆很自得地咏道：“谁道边关外，春时亦有花。”夏景当是山庄延续最长的季节。清代画师苦瓜和尚有谓：“夏地树常荫，水边风最凉。”山庄“无暑清凉”“延薰山馆”等建筑多取与“松轩”“月榭”相近之式，以求“夏木阴阴盖溽暑，炎风款款守峰衔”“松声风入静，花气露生香”。试看山庄水面种植，夏荷之景何多。“冷香亭”“观莲所”“曲水荷香”“香远益清”，无不以赏荷为主，但又是在不同环境中领赏不同的意趣。“嘉树轩”也以夏景为主，这也是“构轩就嘉树”的例子，有“蔚然轩亦古，秀荫笼庭除”之效。这和北京北海之“古柯庭”、苏州留园之“古木交柯”同属一类手法。山庄作为避暑的所在，在植物种植方面有不少盼秋早来的迹象。仿泰山“对松山”画意的松云峡俗称避暑沟，是山庄中秋色早来的地方。如果仔细品味一番，这也是很富于诗意的。张螾所作《过山家》诗可解其中意：

避暑得探幽，忘言遂久留。
云深窗失曙，松合径先秋。

应该承认，松云峡的诗意是很深的。这里秋来橙红乱染，称得上是真正的“寻诗径”了。山庄自有冬色，但冬景妙处还在“南山积雪”。它妙在平日借遐想，一带而过。乾隆有诗云：

芙蓉十二列峰容，最喜寒英缀古松。
此景只宜诗想象，留观直待到深冬。

七、因山构室，其趣恒佳

山庄风景之特色更体现在那些依山傍溪的山居建筑的处理。谢灵运《山居赋》说：“古巢居穴处曰岩栖，栋宇居山曰山居，在林野曰丘园，在郊郭曰城傍。四者不同，可以理推。”山庄取山居实为上乘，这是“以人为之美入天然”的中国传统山水园最易于发挥的地方。在进入松云峡的东向谷口有一城关式建筑，实际上有如山门。城门上有“旷观”额题，这可以说是山区风景建筑的共同“标题”，意即栖于清旷的景致。有人描写谢灵运就山川而居称为“栖清旷”，还说：“其居也，左湖右江，往渚还汀，面山背阜，东阻西倾，抱含吸吐，款跨纡萦，绵联邪亘，侧直齐平。”这也是山庄所追求的清旷境界，所谓“心远地自偏”的含义亦在此。进入松云峡以后还会给人以“喜无多屋宇，幸有碍云山”（《苦瓜和尚画语录》）的观感。山区的风景点大多在乾隆时兴建，乾隆深谙建筑结合山水的传统。他在北海琼华岛所立《塔山四面记》石碑中总结了建筑结合地形的理论：“室之有高下，犹山之有曲折，水之有波澜。故水无波澜不致清，山无曲折不致灵，室无高下不致情。然室不能自为高下，故因山以构室者，其趣恒佳。”究竟用什么手法来体现这个理论呢？山居众多的风景点可以给我们很宝贵的启示。以下就我们选测的几个风景点做初步分析：

（一）悬谷安景——“青枫绿屿”

这是始建于康熙时的一组园林建筑，处于松云峡北山东端之高处。这里是平原和山区接壤的所在，又和湖区有风景联系，因此是造景的要点。居此，南望湖区浩渺烟波，西挹西岭秀色，东借磬锤峰，具有得景和成景的优越条件（图 187）。如图可知，此景所坐落的山南北各矗起二峰，南峰顶安“南山积雪”亭，北峰顶置“北枕双峰”亭。“青枫绿屿”居于二亭间非等分之鞍部，于山景空处设景，似有“补壁”之作用。且有去之嫌少，添之嫌多之妙。这里所处的地形类似“悬谷”。悬谷属于冰川地貌之一种，在主冰川与支冰川汇合处，因主冰川

187
青枫绿屿

的侵蚀作用大于支冰川，以至支冰川侵蚀的谷底高于前者而形成悬挂于高处的“谷”。这种地形外旷内幽，可兼得明晦之景。

“青枫绿屿”这个景题的立意也是很耐人寻味的。山庄主人羡慕“江作青罗带，山如碧玉簪”的桂林山水。而此山山麓有半月湖萦绕，东有武烈河蜿蜒，山立水际有若水中之屿。如遇云岚缥缈如海，更可动“山色有无中”之情。这也是顾况“绿屿没余烟，白沙连晓月”的诗境。再者夏季的树荫，南方以梧桐和芭蕉最富有代表性，二者皆以色淡令人心爽。山庄虽无梧桐、芭蕉，但满山的平基槭在夏天也是浅绿色叶，故称“北岭多枫，叶茂而美荫。其色油然，不减梧桐芭蕉也。疏窗掩映，虚凉自生”。

“青枫绿屿”虽在平原区可望，但并不可立及。游者受到佳景的引诱，须通过“旷观”取北侧山道攀登。目前从“南山积雪”南面山脊直上的路是后人抄近所取。不若原山道左壑右岩，回旋再登高远眺，幽旷的对比感强，从完全暴露的山脊上游览则缺乏这种效果。由图 188 至图 190 可见“青枫绿屿”的平面布局是北方宅园居四合院的变体，虽有轴线关系但东西不求对称。整个建筑群因基局大小分进。头进院落不落俗套，南面、西面以篱为墙。似有“编篱种菊，因之陶令当年”的联想，恰好近处“南山积雪”亭，正合“采菊东篱下，悠然见南山”的诗意。据康熙时期绘图看，篱门南向，头进东侧有屋三楹。论其朝向，为坐东向西。此地唯东、西两面景深最大，为了得景而不惜东西晒之不利。为了弥补此点，发挥东、西朝迎旭日、夕送晚霞的借景条件，故东向命名为“吟红榭”，西向定名为“霞标”。在这种特定的游赏时间里当可避开酷暑之扰。每当破晓之初，近树远山皆成逆光的剪影。武烈河得微明而映带，加以山岚横掠，薄雾覆村，俨然入画。园林中常见之榭，或凭水际，或隐花间，唯“吟红榭”居高临下，吟红日之初出，赏山林之赤染。西面之“霞标”又是欣赏夕阳西下、晚霞醉染的所在。近松苍虬成画框，西山交覆，丛林随山起伏。日虽没山，绮霞久伫，则又是一番风趣。这座硬山顶的建筑在康熙时南向山墙并无处理，而从遗址看来，后来又在此山墙加了一个半壁亭，类似北海静心斋外面突出“碧鲜”亭的做法。这样可以招呼南面湖景，使之更有所提高。

主要建筑“风泉满清听”坐落于主要院落中。此院地面并不平整，西边原地形低下。建院落时没有采取填平的办法，而是将西边低地安排为廊墙，随后又改为偏房供侍者用。南端一段爬山廊与“青枫绿屿”相接。院东远景纷呈，因此安置一段什锦窗墙以范围。这样不仅从窗窥景，而且也丰富了整个建筑群东立面的变化。此院原有园墙自“风泉满清听”东面梢间至

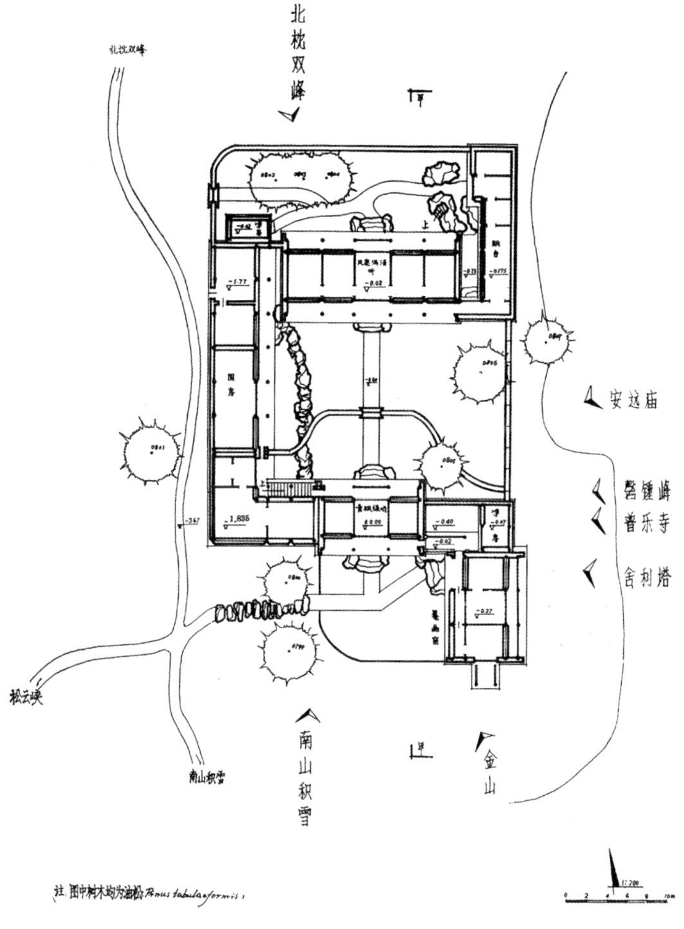
北枕双峰
安远庙
磬锤峰
普乐寺
舍利塔
南山积雪
金山
松云峡
注. 图中树木均为油松 Pinus tabulaeformis
1:200

188

“青枫绿屿”平面图

189

190

“青枫绿屿”东山墙纵隔。遗址上已改为横隔。主要建筑东接眺台，后有东西向通道通达西后门。净房设在西北角隐处。这样西面基本上是服务性的通道，中为游憩路线，互不干扰。

此景点植物种植简练有致。油松树丛有三处，一丛在门外迎客，一丛东向挺立。由平原仰视，造景效果特别显著。如今老松挺拔如故（图191），当时盛景不难想见。另一丛则作为主要建筑的背景树。另外就是成片的枫林。康熙曾有诗一首，概括了风景的特性和托景言志之感：

石磴高盘处，青枫引物华。
闻声知树密，见景绝纷哗。
绿屿临窗牖，晴云趁绮霞。
忘言清静意，频望群生嘉。

此情此景是多么符合山庄建庄的目的和帝王欲表白的情感，可谓作文切题了。

189
“青枫绿屿”剖面图、南立面图
190
“青枫绿屿”复原鸟瞰

（二）山怀建轩——“山近轩”

如果说“青枫绿屿”是显赫地露于山表的话，那么，“山近轩”这组建筑则是隐藏在万山深处的山居了。无论从“斗姥

191

“青枫绿屿” 东立面

阁”或“广元宫”下来，或从松云峡北进都会很自然地产生这种感觉。特别从后者傍涧缘山而上，山径逶迤，两度跨石梁渡山涧，四周翠屏环抱。人入山怀，山林意味深厚。山近轩这个景题自然因境而生。这一建筑组虽藏于山之深处，但仍和广元宫、古俱亭、翼然亭组成一个园林建筑组群的整体。后三景均成为山近轩仰借之景。反之，它又是三者俯借的对象（图 **192**）。

从山近轩仰望广元宫，山耸高空，楼阁碍云（图 **193**）。自广元宫东俯则于茂松隙处隐现出跌落上下的山居房舍。山近轩是在处理好环境的造景关系的同时来处理本身建筑的布局的。

从平面图可看出，山近轩朝向完全取决于这片山坡地的朝向。因此并非正南北，而是偏向西南。这样也利于承接自松云峡这条主线的游人。但是，山近轩在建筑布局方面也照顾到自广元宫往东南下山的视线处理。尽管主体建筑居偏，但由“清娱室”“养粹堂”构成的建筑组也似乎构成从西北到东南为纵深的数进院落。因此，它在总体布局方面做到了两全其美。这组建筑和“斗姥阁”未成直接对景关系，因此仅以后门或旁道相通。

山近轩采用辟山为台的做法安排建筑，从复原模型的鸟瞰图上可以看出，台分三层。大小相差悬殊，自然跌落上下。这和 16 世纪的意大利台地园在手法方面极不相同。意大利的台地园以建筑为主体，开山辟台以适应建筑的安排。整个台地园有明显的轴线控制，自山脚一直贯穿到居于最高的主体建筑。整个气氛是自然环境服从建筑的人工美，突出建筑处理。山近轩则不然，总是千方百计地以人工美入自然，绝对不去破坏自然地形地貌的特性景观。这里原是西临深壑的自然岗坡，兴建后仍然保留了这一特殊的山容水态。通向广元宫的石桥，宁可把金刚座抬得很高甚至跨涧而过，也决不采取填壑垫平的办法。这样，山势照样起伏，山涧奔流一如既往，而桥本身也因适应深壑的地形构成一种朴实雄奇的性格。没有精雕细刻的石栏杆，却代以低矮简洁的实心石栏板。桥却由于跨度大、底脚深的要求而形成很壮观的气质。过桥则依山势由缓到陡辟台数层（图194～图196），桥头让出足够回旋的坡地。头层窄台作为“堆子房”，第二层台地是主体建筑“山近轩”所在，因此是面积最大的一块台地，由主体建筑构成主要院落。其与平地庭院的区别在于，周环的建筑都不在同一高程上。门殿和“清娱室”都居低，主体建筑抬高两米多，“簇奇廊”更居于高处，再用爬山廊把这些随山势高低错落相安的建筑连贯合围，使之产生“内聚力”而形成变化多端的山庭。庭中用假山分隔空间，以山洞和磴道连贯上下，以“混假于真”的手法达到“真假难分”的水平。

就在山近轩这座庭园的南角，有楼高起。此楼底层平接庭园地面，底层之西南向外拱出一个半圆形的高台，高台地面又与二层相平接，形成很别致的山楼。这种楼阁基地的处理手法也是有传统可循的。《园冶·立基》所谓："楼阁之基，依次序定在厅堂之后。何不立半山半水之间，有二层三层之说，下望上是楼，山半拟为平屋，更上一层，可穷千里目也。"正是指此。既然景题为"山近轩"，则除了轩居深山之中外，还要挑伸楼台以近山和远眺山色。按"近水楼台先得月"之理，近山楼台亦可先得山景令人产生"山水唤凭栏"之感。因此，名为"延山楼"是很富于诗意的，这也是"山楼凭远"的一式。底层成为半封闭的石室，楼柱半嵌石壁而起，自外可沿园台口踏跺进入。另端又与"簇奇廊"相通。面向门殿之一侧也可以设盘道攀登。台上下点植油松数株，散置山石。视线因此突破了居山深处之限制，得以远舒。整个山近轩西南面以台代墙，无须长墙相围，建筑立面也出现了起伏高下的变化。至于整个界墙，从遗址现状看只能找到如平面图所示的位置。断处何接，似难判断。

山近轩建筑的主要层次反映在顺坡势而上的方向。第三层台地既陡又狭。建筑即依此基址大小而设，形成既相对独立，又从属于整体的一小组建筑。"养粹堂"正对"延山楼"山墙，其体量虽比山近轩小，但因居高而得一定的显赫地位。东北端

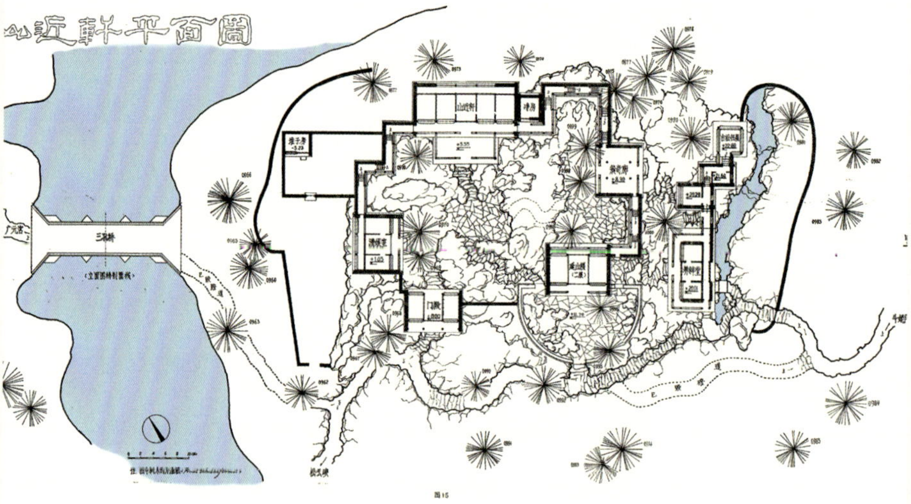

192

193

192

山近轩平面图

193

广元宫

194

山近轩剖面图

195

山近轩立面图

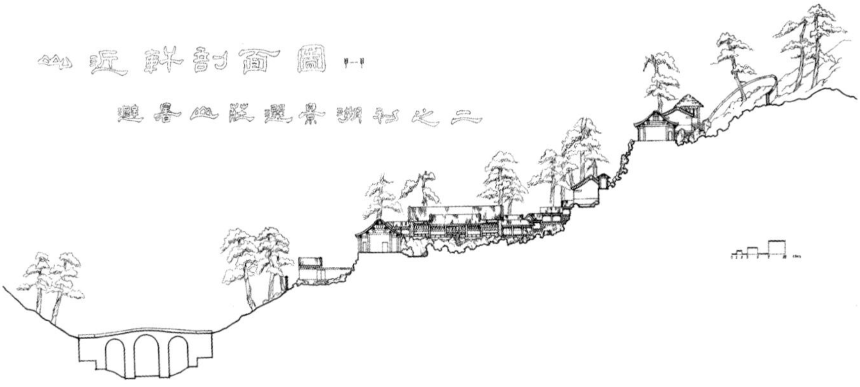

194

195

196

山近轩复原鸟瞰

以廊、房作曲尺形延展，直至最高处建草顶的“古松书屋”外的围墙，水平距离不过100多米，地面高差却有50多米。就从桥面算起也有40多米的高差。这样悬殊的地形变化，在保持原有地貌的前提下使所有建筑都各得其所，该有多难！可这正是“先难而后得”，出奇而制胜。

就游览路线而言，造园者采取了山近轩周边略呈“之”字形延展的路线和中部砌磴道迂回贯穿相结合的方法。这样既符合山路呈“之”字形蜿蜒之理，又可以延长游览路线。特别是最上一层狭窄台地的路线处理，避进深之短，就面阔之长。几乎穷于山顶，却还有路可通。从这里保存下来的松林，其居于外围的顺自然山坡而上，居于内的循台递层而上。其安排的位置多居建筑入口、庭园角落和建筑背后。在总观感上构成浓阴蔽日的山林，在空间动态构图方面又循游览路线不时成为建筑的前景和背景。此轩落成后，乾隆便迫不及待地赶早游赏。并即兴赋诗一首：

古人入山恐不深，无端我亦有斯心。
丙申初构己亥得，仲夏新来清晓寻。
适兴都因契以近，摛词那敢忘乎钦。
究予非彼幽居者，偶托聊为此畅襟。

这说明取名山近轩是为了表达宏大的“钦志”，既要享受山居幽趣，又怕旁人说闲话，因此再三表白，可见山近轩作为“园中之园”也是很切“避暑山庄”的总题。

（三）绝巘座堂——“碧静堂”

在松云峡近西北末梢处，有一条幽深的支谷引向西南。这里分布了三个相隔甚近的风景点，虽近在咫尺，却因山径随势迂回而各自形成独立的空间，互不得见。含青斋安排的位置比较明显，坐落于支谷第二条分岔处，如沿支谷所派生的小支谷南行，便可逐步地展现出“碧静堂”。过含青斋欲西行时，又有数株古松，迎立道旁。从种植的位置和松枝伸展的动势来看，有如引臂南伸，指引入游。进入这条小支谷后稍经回转，便来到一个翠谷环抱、荫凉娴静的山壑中。

一般常见的山壑是两山脊夹一谷，给人以空山虚壑之感。这里的地形却是大山衍生小山，小山似离大山，形成三条山脊间夹两条山涧的奇观。这就是“巘”的景观，意即大小成两截的山，小山别于大山。从碧静堂的立面图（图 197）可见这种地形的概貌。碧静堂所在的这座小山，从平面上看，由钝渐锐、曲折再三。从立面变化看，由缓渐陡、未山先麓。由于这卷别致的小山穿插于大山谷中，山涧便先分于巘末，再汇于巘梢，形成“丫”字形水体。欲登碧静堂，过跨涧之石矼，便可沿蜿蜒于山脊的磴道入游（图 **198**）。

这里自然地形固然优美，但对于一般的建筑布置极为不利。地面破碎，零散不整，似乎欲求一块整地面而不可得，更难把零散的建筑合围成有机的整体。对于一般的建筑而言，可谓是不利于建筑的用地。但园林建筑却不然，深知“先难而后得”的道理，把保留这里的奇特自然地貌特色作为成功的要诀，因地制宜、运心无尽地安排每一座建筑，使建筑依附于山水。碧静堂的门殿坐落在巇之山腰，而且以亭为门，取八方重檐攒尖亭式矗立在小山脊上，用亭子做门殿的恐不多见，但在这里用得十分得体。试看这卷小山脊背，哪有足够的面阔位置来坐落一般的门殿，唯有亭子作为一个“点”坐落在脊上最合适。再者，皇家门殿也要稍有气势，亭虽小而峭立山腰，亭子的高度还足以屏障内部园景以增加游览的层次。游者自下而上，在本来可一眼望穿的山径上矗立高亭，视线及亭而止，但见门亭巍立，不知园深几许。门殿是动态构图的第一个特写镜头。和门殿衔接的是一段爬山廊。此廊可三通。一条向南接磴道引上主体建筑“碧静堂”。另一条向东以小石径渡涧至“松壑间楼”。第三条循廊西跌，通向“净练溪楼”。净练溪楼是以建筑结合山涧的例子。楼枕涧上，跨涧而安，山涧通流依然，楼又

碧靜堂立面圖

197

碧静堂立面图

0 2 4 6 8 10m

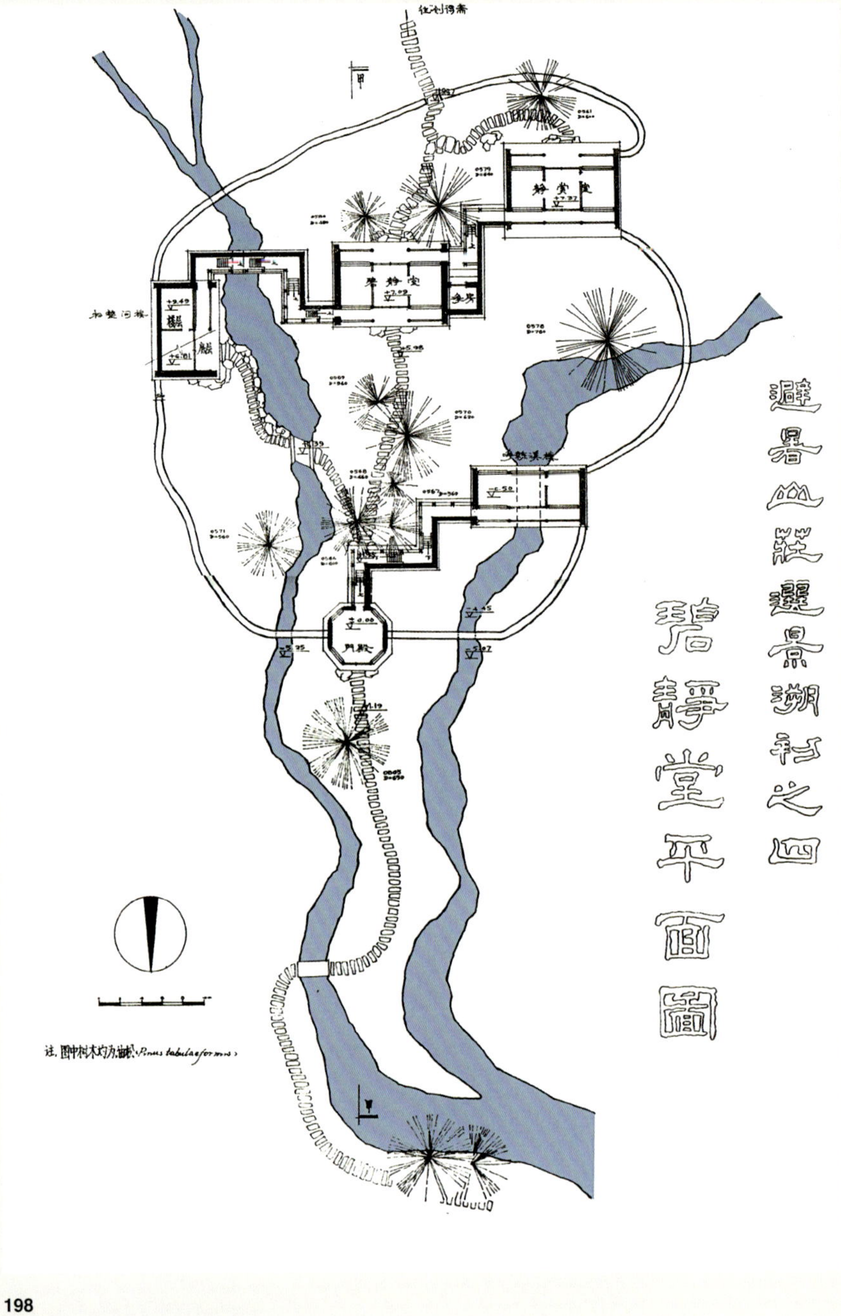

碧静堂平面图

架空而起。《园冶》中提到："临溪越地，虚阁堪支。"这也是此法之一式。山溪不仅不成为妨碍建筑之物，反成此楼得景的凭据。雨时净练湍急，无水时也似有深意。绝巘居高之末端有较大地面，主建筑碧静堂坐落在这背峰面壑的显赫位置，可以控制全园。这里虽居极幽隐处，但游者登到此堂却可极目北望。宫墙斜飞堞雉，伏在山脊上随山拱伏。墙外逸云横渡，远山无尽，令人顿开心襟。这种口袋式的地形于近处外不见内，但于园内可远眺远景。位于其西南之"静赏室"和它体量、造型都很相近，却起不到这个作用。静赏室和净练溪楼却上下相对成景。居于东边山涧南端的山楼，在结合山势方面也颇具匠心。西面山涧既做架楼跨涧的处理，东山涧就要避免雷同而另辟蹊径。因此这座山楼取傍壑临涧之式，定名"松壑间楼"恰如其境。由于本园主体建筑体量已定，加以壑边可营建地面面积的限制，此楼仅有两开间。楼前与跨涧东来的石涧相接，楼上又以爬山廊曲通碧静堂。诚如《园冶》所阐述的道理："假如基地偏缺，邻嵌何必欲求其齐。其屋架何必拘三五间，为进多少，半间一广，自然雅称。"

此园布局精巧紧凑，疏密相间，主次分明。由于绝巘地形的限制，除主体建筑坐于正中外，其余建筑都循地宜穿插上下左右，因此门殿并不正对碧静堂。其间又贯以曲尺形的爬山廊，形成两组与绝巘走势互为“丁”字形的行列建筑，后面还留出一块狭长的后院。这样就有了相当于三进院落的分隔，纵深虽不长，层次却不乏其变化。四周围墙分段与屋之山墙相接，极尽随山就水之变化，把这两小组接近平行的行列建筑拢成一个内向的整体。围墙随山势陡起陡落，就水则于横截山涧处开过水墙洞。这些过水洞穿墙者薄，穿台者厚，六个过水洞上下曲折相贯，山居的情调就更浓了。

全园路线不算太长，却有上山、下涧、爬山廊、石桥等多种形式的变化。游览路线以碧静堂为中心形成“8”字形两个小环游路线，最南端尚有后门南通“创得斋”（图 **199**、图 **200**）。

这里的古松保存比较完整。松树主要顺绝巘之脊线左右错落交复，创造了“曲磴出松萝，阴森漏曦影。夹涧木千章，无风下高岭”的气氛。磴道尺度很小，道旁之古松参天而立，加

199
碧静堂剖面图

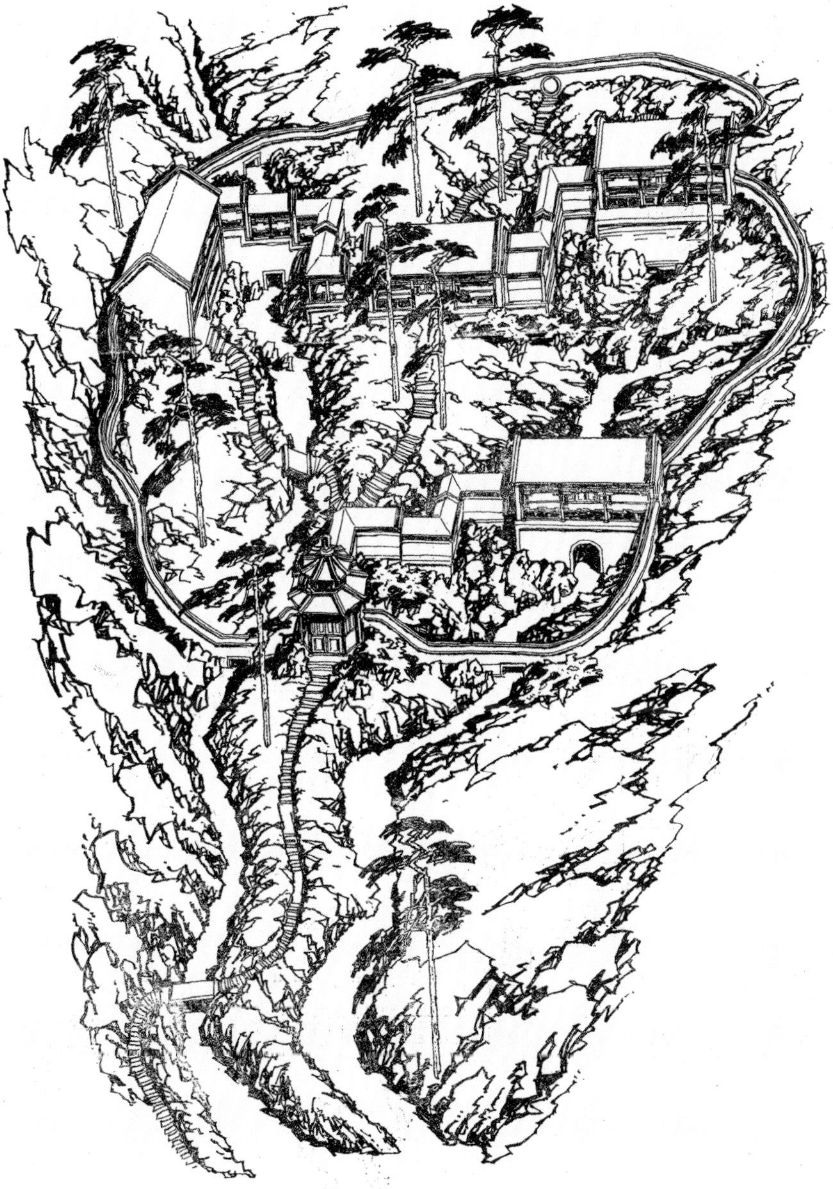

200

碧静堂复原鸟瞰

以四周林木葱茏相映，山林本色自显。从门殿至碧静堂的五棵油松，在增添层次的深远感方面起了很重要的作用。

山近轩以近山取幽深。碧静堂因坐落在背阴山谷中而从环境色彩之“碧”、山壑之“静”得凉意，手段虽异，殊途同归。乾隆因此景成诗一首，颇能说明这里所造成的情趣和自我表白“高瞻”之心：

入峡不嫌曲，寻源遂造深。
风情活葱茜，日影贴阴森。
秀色难为喻，神机借可斟。
千林犹张王，留得小年心。

（四）沉谷架舍——“玉岑精舍”

若自含青斋西行则可引向“玉岑精舍”，这里的地貌景观异于前面介绍的几个景点，它是由园外观园内俯瞰成景。它的位置近乎松云峡所派生的这条支谷的西尽端。这条东西走向的支谷线又与北面急剧下降的小支谷线垂直交会，交会处亦即此园之中心。夹谷的山坡露岩嶙峋，构成山小而高、谷低且深、陡于南北、缓于东西、“矾头”屹立如“攒玉”的深山野壑。

这便是“玉岑”的风貌。在这样回旋余地不大，用地被山涧分割为倒“品”字形的山地里要构置建筑物谈何容易。创造者根据这里的地形确定了“以少胜多、以小克大、借僻成幽、细理精求”的创作原则，亦即所谓“精舍岂用多，潇洒三间足”的构思。这和“室雅何须大，花香不在多”的道理很相近。因此，于“玉岑”中架“精舍”是“相地合宜，构园得体”的又一范例，这也构成了这个风景点的独特性格。大中见小，粗中显精。

在这个景点的遗址测绘中，我们遇到了一些困难。遗址破坏比较严重，有的还被开山洞的弃石所覆盖，难以摸清原貌。但由于这个景点特色的吸引，负责测绘的同学不辞辛劳掘地寻址，才基本上摸清其概貌。按清乾隆时期避暑山庄外八庙总平面图上对玉岑精舍的描绘，我们发现“玉岑室”的位置与遗址不符。北部山上除了“贮云檐”和爬山廊以外，没有找到其他建筑的痕迹。我们终于找到在“小沧浪”的东侧“玉岑室”的遗址，并有短廊与“小沧浪”相接，也找到东、南两面围墙的基础。这才得到玉岑精舍的平面。经与《大清一统志》的记载核对，基本符合。即“山庄西北，溯涧流而上至山麓。攒峰疏岫，如悬圃积玉。精舍三楹，额曰‘玉岑室’，右偏曰‘贮云檐’，穿云陡径有亭二，曰‘涌玉’，曰‘积翠’。依山梁构室曰‘小沧浪’。”可是，积翠亭遗址一时难清，只能循常理推测。日后弃石堆清理后，想必原迹可寻（图 **201**）。

此遗址总共三舍二亭，安排何精。主体建筑“小沧浪”南向山梁，北临深涧，居中得正，形势轩昂。若论取“沧浪之水清兮，可以濯吾缨”之意，则较之苏州网师园“濯缨阁”各有特色。后者是城市山林，这里却是于山林真境中架屋濒水，野趣倍增。小沧浪相当于“堂”的地位，南出山廊，北出水廊，东西曲廊耳贯，成为赏景的中心。玉岑室迎门而设，以山石磴

201
玉岑精舍平面图

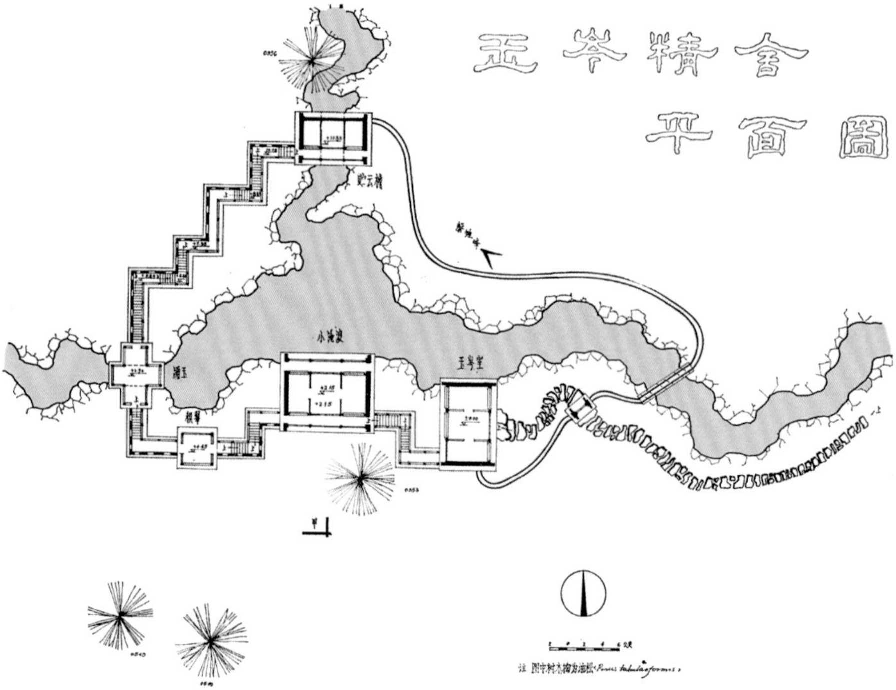

道自门引入，因此山墙面水。如自北南俯，建筑立面参差高低、围墙斜飞、山廊鱼贯，加以山景的背衬，景色十分丰富（图 202、图 203）。

“贮云檐”居高临下，体量虽小而形势显赫。若自涌玉亭上仰（图 204），高台矗云，硬山斜走。台下石洞穿流，台前玉岩交掩，飞流奔壑。屋后背山托翠，孤松挺立，俨若边城要塞。《园冶》描写山林地景色特征之“槛逗几番花信，门湾一带溪流”，“松寮隐僻”，“阶前自扫云，岭上谁锄月”，“千峦环翠，万壑流青”，在这里完全可以体现。特质是横云掠空的景色随时可得，取名“贮云檐”可谓画龙点睛、名副其实。园林中何乏“宿云”“留云”一类景题。颐和园和避暑山庄都有“宿云檐”，可都远不及此处肖神。涌玉亭也有异曲同工之妙。这是一座坐西向东，前后出抱厦、左右接山廊的枕涧亭。自西而下的山涧穿亭下而涌出，所以叫“涌玉”。涌至山涧交汇处积水成潭，于是有“积翠”之称。积翠后才有沧浪之水，看来这里景点的布置是很有文学章法的。这里的爬山廊有两种可能性，一是层层跌落的爬山廊，一是顺坡斜飞的爬山廊。从廊的遗址看，原台阶痕迹清晰，台阶多至一连数十级。若为跌落廊，未免太琐碎。再者，前已有人做跌落廊的设想，姑且以斜走爬山廊试行复原，以供比较（图 205）。

玉岑精舍立面图

202

玉岑精舍剖面图 甲—甲

203

204

为了有一定的范围作用，这些爬山廊当是外实内虚，外侧以墙相隔，取景凿窗。内侧空窗透景，相互资借。另外，这里的廊墙配合围墙把南北两岸分隔的个体建筑合拢成为一个山院的整体。北面用墙嵌山陡降，似有长城余韵。跨山涧处，洞穿很大的过水洞，下支船形金刚座。除了通水的功能外，居然也可成景。

山近轩居万山深处之高坡，因高得爽。碧静堂因日影贴阴森得凉静。玉岑精舍却由于谷风所汇，山涧穿凉而得风雅。封建帝王应是至高无上、风雅自居的，但都有居此自感俗的感慨，可见此景僻静、优雅、朴野、可心了。录乾隆诗一首为证：

西北峰益秀，戍削如攒玉。

此而弗与居，山灵笑人俗。

202

玉岑精舍立面图

203

玉岑精舍剖面图

204

贮云檐

205

玉岑精舍复原鸟瞰

精舍岂用多，潇洒三间足。
可以玩精神，可以供吟瞩。
岚霭态无定，风月藏有独。
长享佳者谁，应付山中鹿。

玉岑精舍在游览路线上兼备仰上、俯下的特色，不足之处在于必走回头路。若自“贮云檐”东，自台辟小石径陡下，再顺围墙越山涧接通南岸，则可环通。复原时应予考虑。

（五）据峰为堂——“秀起堂”

山庄山区的三条山谷都是西北至东南走向。唯山区之西南角，榛子峪的西端，有谷自北而南伸展，这便是西峪。榛子峪风景点的布置比较稀疏，但转入西峪后，万嶂环列，林木深郁。在这片奥妙的山林中集中地布置了三组建筑和两个单体建筑。如总平面图所示，鹫云寺横陈于西向之坡地，“静含太古山房”于高岗建標，与鹫云寺比邻并与静含太古山房东西相望的便是这个园林建筑组群中最显要的建筑组——“秀起堂”。在这组簇集的建筑组群以北又疏点了“龙王庙”和“四面云山”山腰的“眺远亭”。秀起堂因从西峪中峰处据峰为堂，独立端严，高朗不群，环周之层峦翠岫又呈“奔趋”“朝揖”之势，其统率附近风景点的地位便因境而立了。

秀起堂据有优美出众的山水形势，但也有不利于安排独立的园林空间的因素（图 206）。一条贯穿东西的山涧将用地分割为南、北两部分，另一条斜走的山涧又将北部分割为东、北两块，地形零散难合。北部山势雄伟，有足够的进深安排跌落上下的建筑，而南部这一块只是一岭起伏不大，横陈东西的丘陵地。除西端与鹫云峰有所承接和对景外，山岭纵长而南面无景可借。如何把“丫”字形山涧所切割为三块的山地合为一组有章法的整体，发挥山水之形胜，并化不利条件为有利条件，便成为此园布局的关键了。作者成功之处亦在于此。建筑之坐落

206
秀起堂平面图

因山势崇卑而分君臣、伯仲之位。北部山地面积大、朝向好、位置正、山势宏伟、峰峦高耸，自然是宜于坐落主体建筑“秀起堂”。筑台耸堂也更加突出了“峰”孤峙挺立、出类拔萃的性格。据峰为堂以后，更增添山峰突兀之势。而南部带状山丘便居于客位，成环抱之势朝向主山。构成两山夹涧，隔水相对，阜下承上的结构。而北部山地之东段也就成为由客山过渡到主山，倚偎于主山东侧的配景山了。清代画家笪重光在《画筌》中说：“主山正者客山低，主山侧者客山远。众山拱伏，主山始尊。群峰盘互，祖峰乃厚。”画理师自造化，建筑布局又循画理，自是主景突出，次景烘托。用建筑手段顺山水之性情立间架，更加强化了山体的轮廓和增加了“三远”（高远、平远、深远）的变化。整个建筑群没有中轴对称的关系，而是以山水为两极，因高就低地经营位置。

大局既定，个体建筑便可以从总轮廓中衍生。秀起堂宫门三楹因承接鹫云寺东门而设于园之西南。东出鹫云寺便有假山峭壁障立，游者必北折而入秀起堂，假山二壁交夹，其间又有磴道沿秀起堂南东去。秀起堂宫门不仅造型朴实如便家，就其所寓意而言更加高逸不俗。这宫门取名“云牖松扉”。众所周知，在宫殿称金阙，城市富家谓朱门，村居叫柴扉。如果以云停窗，古松掩门那当然是世外仙境了。南部这一带山丘有两处隆起的峦头，“经畬书屋”和宫门东邻的敞厅就坐落在这两个峰峦的顶上。削峦为台后再立屋拔起，仍然是原来的山势而更夸大了高下的对比。敞厅几乎正对秀起堂，而经畬书屋居园之东南角。一方面与主山顾盼，偏对主山上的建筑，背面又以半圆围墙自成独立的小空间。用半圆的线形处理这个园的东南角，显得刚中见柔，抹角而转北，构成南部这段文章的“句号”（图 **207**）。

南部有数折山廊，在山居的游廊处理中达到了登峰造极的境界。笔者开始从图面上接触时就叹服其变化之精妙，身临其境后更理解其变化的依据和艺术加工的功力。宫门引入后，一改一般宅园“左通右达”之常见套路，径自东引出廊。廊出两间便直转急上，在仅仅 11 米的水平距离间经过 4 次曲尺形转折才接上敞厅。如果不是顺应地形的变化，按“峰回路转”布

207
秀起堂南岸立面图

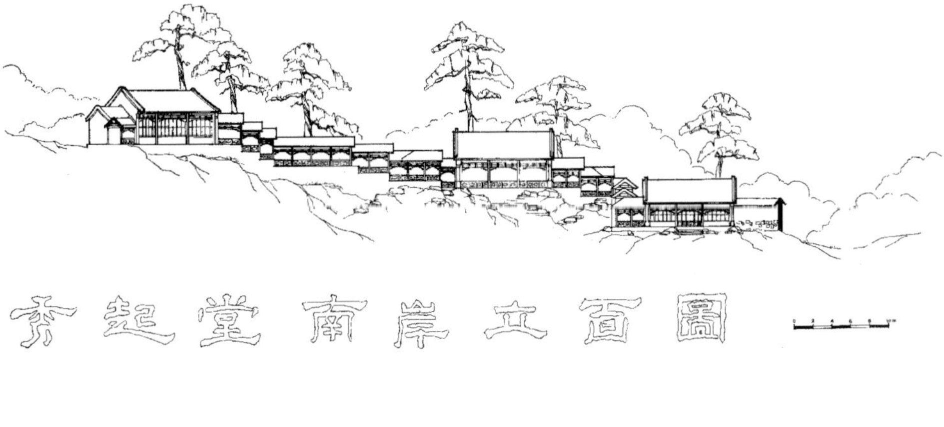

线，是不会出奇制胜的。此廊前接敞厅前出廊，后出敞厅后出廊，这才为缓和坡降，分数层高攀至经畬书屋。南部山廊按“嘉则收之，俗则屏之”的道理，南面设墙，北面开敞。

在跨越山涧处，回廊又从高而降。廊下设洞过水，这才抵达北部。北部的廊了多向高台边缘平展。为让山涧曲折，构成回旋廊夹涧之势，两山涧汇合处，“振藻楼”于山坳中竖起。这里可顺山壑纵深西望，隔石桥眺远，亦是“山楼凭远”的效果。楼东北更有高台起亭，如角楼高耸，两者结合在一起，成为主景很好的陪衬（图 **208** ～图 **210**）。

铺垫和烘托均已就绪，主体建筑秀起堂高踞层台之上。这里除一般游览之外，还常在此传膳。由于采用了背倚危岩，趁势将主体升高，其前近处又放空的手法，使其显得格外突出。坐堂南俯，全园在目。既是高潮，又是一“结”。堂前设台三层，正偏相嵌。堂前的“绘云楼”中通石级，东西山墙各接耳房。归途必顺楼前磴道下山，越石梁南渡出园。秀起堂占地面积 3725 平方米。其中建筑平面面积不过 1005 平方米（约占全园面积 27%），山林面积为 2430 平方米（约占 65%），露天铺地面积为 290 平方米（约占 8%）。园虽不大，章法严谨，构景得体。

全园的游览路线主要安排在游廊中，这条路线明显而多

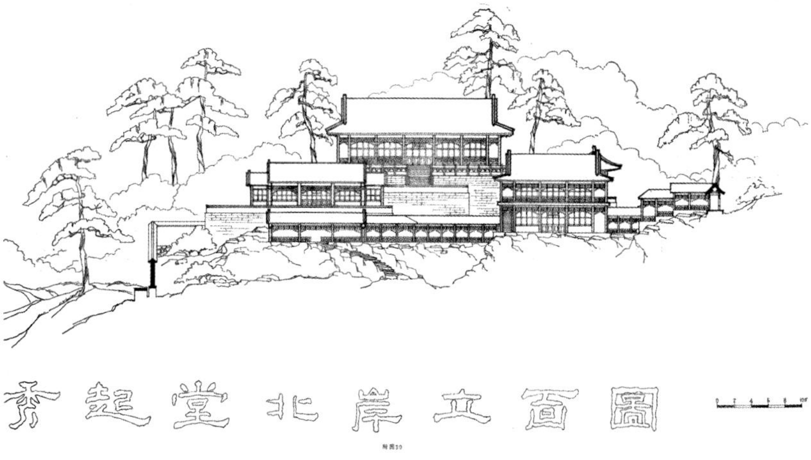

208

209

208

秀起堂北岸立面图

209

秀起堂剖面图

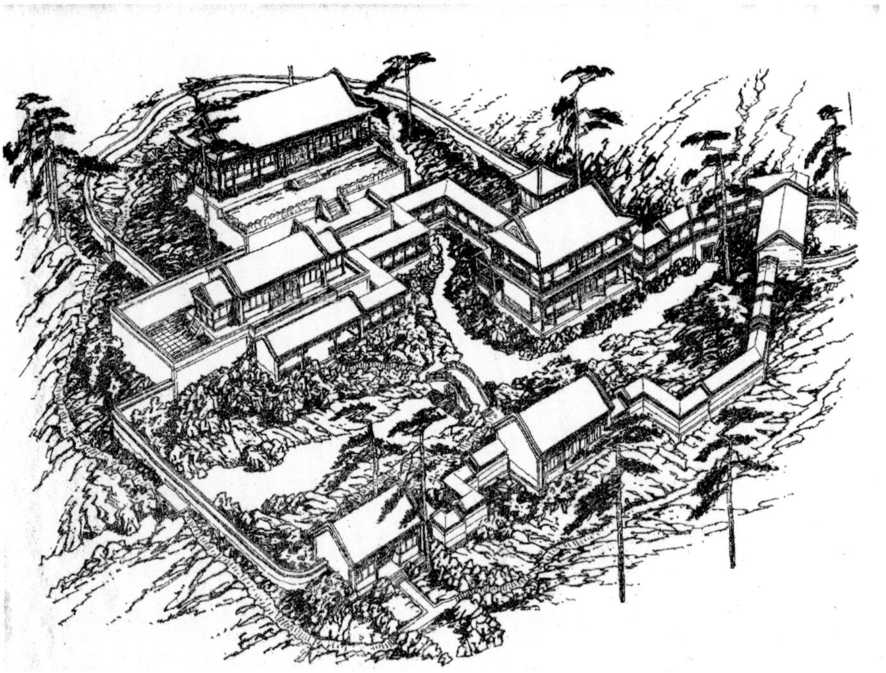

210
秀起堂复原鸟瞰

变，另外也有露天石级和山石磴道相互组合成环形路线。进园时按开路“有明有晦”的理论。宫门北面本有踏跺北引渡涧，但初入园必被山廊吸引而作逆时针行。避本园进深之短，扬修岗横迤之长，出园时才知有捷径。如无明晦变化，直接渡桥北上，那又有什么趣味可寻呢？秀起堂后院西侧设旁门通“眺远亭”，西面过境交通则可沿西墙渡过水墙外与石梁相通。目前遗址上古松保存不多，唯山水形势基本保持，创作意图可寻。

乾隆对秀起堂也很满意，因成一诗：

去年西峪此探寻，山趣悠然称我心。
构舍取幽不取广，开窗宜画复宜吟。
诸峰秀起标高朗，一室包涵悦静深。
莫讶题诗缘创得，崇情蓄久发从今。

（六）因山构室手法析要

我国的风景名胜和园林何止万千，就中也自有高下之分，可以供我们借鉴和发展的造景传统极为丰富。泰山后山坳中的尼姑庵“后石坞”、广东西樵山中之“悬岩寺”、峨眉山麓之“伏虎寺”、洛阳之南的“风穴寺”、西湖之“西泠印社”、千山之“龙泉寺”乃至“悬空寺”等，都不乏因山构室之佳例。我们同时也可以看到，新起的园林建筑、风景建筑，特别是旅游宾馆之类的服务性建筑，既有承传统特色而建的，也有因构室而破坏山水风景的。山顶上可以高矗起摩登的高楼大厦，湖滨可以乱立火柴盒式的高级宾馆。更有甚者，干脆把摩天大楼直接插入古朴自然的风景区或古典园林近旁，形成两败俱伤、令人痛心的局面。试看山庄山区之建筑处理，不仅不因构室而坏山，而且创造了比纯粹朴素的自然更为理想和完美的园林景观。似有必要推敲一番，就中有哪些共通的理论和手法。

1. 须陈风月清音，休犯山林罪过

这也是《园冶》上的一句话，概括了处理山居建筑的至理，也明确了兴建山居的目的，即要使人在一定的物质文明基础上重返自然的怀抱，饱领自然山水之情。建筑是解决居住、饮食、赏景和避风雨不得不采取的手段，而不是根本的目的。把山水清音和人的志向、品格联系在一起，以情感寓于风景，再以风景来陶冶精神，这是造景的根本。舍本逐末则必犯山林罪过，岂止毁林是犯山林罪过，因建筑而破坏自然的地貌景观同样是犯山林罪过，甚至是不可弥补的山林罪过，因为这是对风景骨架的摧毁。因此，体现在手法上，必须将建筑依附于山水之中，融人为美于自然美中。就风景总体而言，建筑必须从属于包括园林风景建筑在内的山水风景的整体，绝不可将自然起伏的坡岗一律开拓为如同平地的广阔台地或填平山涧，切断水系，而是以室让山，背峰以求倚靠，跨水为通山泉。

可以看出，避暑山庄整个山区的风景点都是隐于几条大谷中的。除山顶有制高借远的建筑外，或傍岩，或枕溪，或跨涧，或据岗。凡所凭借以立的，非山即水。虽经建筑以后，山水起伏如故，风貌依然，甚至可运用建筑来增加山水起伏的韵律。其结果相得益彰，相映生辉，建筑得山水而立，山水得建筑而奇。

2. 化整为零，集零为整

建筑在整体上服从山水，山水在局部照应建筑。建筑因实用功能而有面积和体量的要求，由于建筑体量过大而破坏山景的情况屡见不鲜。建筑要体现从整体上服从山水，就必须化集中的个体为零散的个体，使之适应山无整地的条件，再用廊、墙把建筑个体组成建筑组。风景集中之处，再由几个建筑组构成建筑组群。在安排个体建筑时必须有宾主之分，而宾主关系又因山水宾主而宾主，因山水高下而崇卑。上述这几个风景点都共同地说明了这一点。就个体建筑而言，总是需要一块平地的。除了支架、间跨的手段以外，还须进行局部的地形改造，使之符合于兴造建筑的需要，而这种局部地形整平就不会破坏山水之基本形势了。

在集零为整的手段中，廊子和墙起了很大的作用，它们能将被山水分隔的个体建筑合围内聚，拢成一体。有景设廊，无景或地势起伏过剧之处设墙。墙可顺接建筑之山墙，也可以围在建筑以外另成别院（如秀起堂之经畲书屋、碧静堂和秀起堂后墙等）。廊子在造景方面很重要，诚如《园冶》所示："廊者，庑出一步也，宜曲宜长则胜。古之曲廊，俱曲尺曲。今予所构曲廊，之字曲者，随形而弯，依势而曲。或蟠山腰，或穷水际。通花渡壑，蜿蜒无尽。”山庄廊子的运用，较之江南私园更为雄奇。所取多曲尺古式，个别地方也有稍变化一些的。总的风格是虽有成法但不拘其式，虽为山居野筑而又不失皇家之矩度。观之与山一体，游之成画成吟。

3. 相地构园，因境选型

山水有山水的性情，建筑有建筑的性格。山居建筑之“相地”即寻求山水环境的特征，然后以性格相近的建筑与山水配合才能使构图得体。例如两山交夹的山口狭处，势如咽喉，在这里设城堞、门楼就很能起到控制咽喉要道的作用。如松云峡口的“旷观”城楼，扼要口而得壮观。“堂”居正向阳，有堂堂高显之义。在山庄西峪“中峰特起，列岫层峦，奔趋拱极”的山势中据峰为秀起堂，二者在性格上是极为统一的。峰峦和堂一样具有高显和锋芒毕露的性格。碧静堂作为堂的一般性格是居正踞高的。但又有立意“碧静”的特性，所以取倒坐不朝南，居深隐之处而不外露。“轩”以空敞踞高而得景胜，山近轩虽居万山丛中，但也踞高而视线开敞。“斋”、“舍”和“居”又都是一种“气藏而致敛”“幽隐无华”的性格，所以在幽谷末端多建“居”，诸如松林峪西端的“食蔗居”，松云峡支谷末端的玉岑精舍都是因境界幽隐、深邃而设的。建筑的屋盖形式、覆瓦和转折也无不具有不同的性格，硬山顶总是比较朴实的，卷棚歇山顶比一般歇山顶就显得柔和和自然一些。古建筑类型和屋盖并不是很多，但因地制宜地排列组合起来便有因境而异的无穷变化。总之，按山水不同组合单元诸如峰、峦、岭、岫、岩、壁、谷、壑、坡、岗、巘、坪 、麓、泉、瀑、潭、溪、涧、湖等选择以合宜的建筑诸如亭、台、楼、阁、堂、馆、轩、斋、舍、居等，性相近而易合为同一个性的园景整体。在安排个体建筑的具体位置时，首先安排“堂”一类的主体建筑，其次穿插“楼”“馆”，点缀亭、榭，最后连以廊、围以墙。围墙犹如小长城，陡缓皆可随山势，尽可随意施用。

4. 顺势辟路，峰回路转

园林中路的形式多样，山区有露天的石级、磴道，也有廊、桥、栈道、石梁、步石等。游览路线的开辟必须顺应山势的发展，因有深壑急涧而设山近轩西北的大石桥。秀起堂浅壑窄溪则用小拱券石桥。山势一般是“未山先麓”由缓而陡的。山居无论辟台还是开路也都要接受这一自然之理的制约。路折因遇岩壁，径转因见峰回。山势缓则路线舒长少折，山势变化急剧则路亦“顿置宛转”，就像秀起堂的山廊走势一样。山地不论脊线或谷线，很少径直延伸的，因此山路也讲究“路宜偏径”。上述几个风景点引进的道路没有一条是正对直入的，这完全符合“山居僻其门径，村聚密其井烟”的画理。从路的平面线性和竖向线性来看，不论真山或假山都有“路类张孩戏之猫”的特征。意即路线有若孩童戏猫时，猫儿东扑西跌的状态，在图画上反映为“之”字形变化，如山近轩的游览路线和秀起堂的游览路线等。人们在名山游览时，可以观察一些负重物登山的运输工人的登山路线，即是“之”字形的，为的是减少做功而省登山之力。山区造园追求真山意味，而且所圈面积有限。如果路线完全和等高线垂直则其山立穷，没有深远可言。时而与等高线正交，时而斜交，时而平行，更可以延展游览路线的长度，从而也增加了动态景观的变化。笪重光所说“一收复一放，山渐开而势转。一起又一伏，山欲动而势长”“数径相通，或藏或露”“地势异而成路，时为险夷”，以及山形面面观、步步移的理论都是值得心领神会而付诸实施的。

5. 杂树参天，繁花成片

山林意味，一是山水，二是林木。山居若缺少林木荫盖之润饰，便不成其为山居。山林是自然形成的，但于中兴建屋宇后多少会破坏山林，必须于成屋以后加以弥补。有记载说明，即使像玉岑精舍这样小的景点，也从附近移植了不少油松。杂树包含自然混交的意思，有成片的宏观效果。山中有草木生长才有禽兽繁殖，才有百鸟声喧的幽趣。但杂树中要有大量树龄很长的古木，否则难以偕老于山。唐代王维的辋川别业的遗址上，而今尚保留八人合抱的古银杏。中岳书院中有著名的周柏。山庄林木破坏了不少，目前仅有古松。繁花覆地既包括草花，也包括花灌木，开时繁花若满星。在山庄搞花坛绿篱一类的种植类型肯定是不得体的，山树并不乏其种植类型。所谓“霞蔚林皋，阴生洞壑”“散秋色于平林，收夏云于深岫”“修篁掩映于幽涧，长松倚薄于崇崖”“凫飘浦口，树夹津门，石屋悬于木末，松堂开自水滨，春萝络径，野筱萦篱。寒甃桐疏，山窗竹乱”等都是典型山野种植类型的描绘，其中山庄也应用了不少。总之，无论是山水、屋宇、路径、树木、花草、禽兽，都同属综合的自然环境。按“自成天然之趣，不烦人事之工”的原则，在“意”和“神”的驾驭下多方面组合成景，俾求千峦环翠，万壑流青，嵌屋于山，幽旷两全。

后记

避暑山庄已是一位具有300多岁高龄的山水老人了，在经历兴衰后又得以享振兴之福，真是值得庆贺。我仅以从山庄学到的心得体会聊成此文，略表后辈敬仰之心。我并愿以此求教于各位专家和广大读者，诚望得到指正和教益。

在我们进行题为“避暑山庄选景溯初”的毕业论文时，曾蒙承德市文物局的大力支持。在绘制测绘图纸时得到金承藻先生和金柏苓同志在建筑方面的指导。成文过程中又烦谢叔宜同志代绘“对松山图”、宫晓滨同志代绘山区风景点模型鸟瞰图和广元宫仰视图。在遗址测绘工作中，本院1978级学生夏成钢、贾建中、苏怡和广州市园林局进修生沈虹、董迎都付出了不少心力。在此一并致以诚挚的感谢。

图书在版编目（CIP）数据

中国园林鉴赏 / 孟兆祯著 . -- 北京 : 北京出版社 ,
2023.6
ISBN 978-7-200-17333-8

Ⅰ . ①中… Ⅱ . ①孟… Ⅲ . ①古典园林－园林艺术－
鉴赏－中国 Ⅳ . ① TU986.62

中国版本图书馆 CIP 数据核字 (2022) 第 134409 号

策 划 人：王忠波　　责任编辑：王忠波　吴剑文
文字编辑：高　媛　　责任印制：陈冬梅
责任营销：猫　娘　　装帧设计：吉　辰
辑封摄影：底津生

中国园林鉴赏
ZHONGGUO YUANLIN JIANSHANG
孟兆祯　著

出　版　北京出版集团
　　　　北京出版社
地　址　北京北三环中路 6 号
邮　编　100120
网　址　www.bph.com.cn
发　行　北京伦洋图书出版有限公司
印　刷　北京华联印刷有限公司
经　销　新华书店
开　本　787 毫米 ×1092 毫米　1/16
印　张　17.25
字　数　150 千字
版　次　2023 年 6 月第 1 版
印　次　2023 年 6 月第 1 次印刷
书　号　ISBN 978-7-200-17333-8
定　价　126.00 元

出版说明

“大家艺述”多是一代大家的经典著作，在还属于手抄的著述年代里，每个字都是经过作者精琢细磨之后所拣选的。为尊重作者写作习惯和遣词风格、尊重语言文字自身发展流变的规律，为读者提供一个可靠的版本，“大家艺述”对于已经经典化的作品不进行现代汉语的规范化处理。

《中国园林鉴赏》一书中未标明来源的图片，均选自《园衍》一书。

特此说明。

北京出版社

大家艺述

· 曹　汛：中国造园艺术

· 汪菊渊：吞山怀谷——中国山水园林艺术

· 孟兆祯：中国园林理法

· 孟兆祯：中国园林鉴赏

· 孟兆祯：中国园林精粹

· 唐寰澄：桥梁的故事

· 唐寰澄：桥之魅——如何欣赏一座桥

· 唐寰澄：世界桥梁趣谈

· 王树村：民间美术与民俗

· 王树村：民间年画十讲

· 周维权：园林的意境

· 周维权：万方安和——皇家园林的故事

· 罗哲文：天工人巧——中国古园林六讲

· 陈师曾：中国绘画史（插图版）

· 罗小未：现代建筑奠基人

· 吴焕加：现代建筑的故事

· 吕凤子：中国画法研究

· 黄宾虹：宾虹论画

· 王树村：中国民间美术史（修订版）

· Valery Garett：中国服饰——从清代到现代